U0190014

"十三五"国家重点出版物出版规划项目

微分几何与拓扑学

国家出版基金项目
NATIONAL PUBLICATION FOUNDATION

著

徐森林

薛春华

代数拓扑

同伦论

中国科学技术大学出版社

内 容 简 介

本书是代数拓扑中同伦论的基础,共分2章.第1章给出了 n 维同伦群及其交替描述.第 2 章引入相对同伦群,证明了同伦群的伦型不变性定理和同伦序列的正合性,给出了同伦群的 直和分解定理,列举了大量同伦群的实例,并证明了 Hurewicz 定理.

图书在版编目(CIP)数据

代数拓扑:同伦论/徐森林,薛春华著. —合肥:中国科学技术大学出版社,2019.6
(2020.4 重印)
(微分几何与拓扑学)
国家出版基金项目
"十三五"国家重点出版物出版规划项目
ISBN 978-7-312-04570-7

Ⅰ. 代… Ⅱ. ①徐… ②薛… Ⅲ. ①代数拓扑 ②同伦论 Ⅳ. O189.2

中国版本图书馆 CIP 数据核字(2018)第 229958 号

出版	中国科学技术大学出版社
	安徽省合肥市金寨路 96 号,230026
	http://press.ustc.edu.cn
	https://zgkxjsdxcbs.tmall.com
印刷	合肥华苑印刷包装有限公司
发行	中国科学技术大学出版社
经销	全国新华书店
开本	787 mm×1092 mm 1/16
印张	4.75
字数	107 千
版次	2019 年 6 月第 1 版
印次	2020 年 4 月第 2 次印刷
定价	38.00 元

序　言

微分几何学、代数拓扑学和微分拓扑学都是基础数学中的核心学科,三者的结合产生了整体微分几何,而点集拓扑则渗透于众多的数学分支中.

中国科学技术大学出版社出版的这套图书,把微分几何学与拓扑学整合在一起,并且前后呼应,强调了相关学科之间的联系.其目的是让使用这套图书的学生和科研工作者能够更加清晰地把握微分几何学与拓扑学之间的连贯性与统一性.我相信这套图书不仅能够帮助读者理解微分几何学和拓扑学,还能让读者凭借这套图书所搭成的"梯子"进入科研的前沿.

这套图书分为微分几何学与拓扑学两部分,包括《古典微分几何》《近代微分几何》《点集拓扑》《微分拓扑》《代数拓扑:同调论》《代数拓扑:同伦论》六本.这套图书系统地梳理了微分几何学与拓扑学的基本理论和方法,内容囊括了古典的曲线论与曲面论(包括曲线和曲面的局部几何、整体几何)、黎曼几何(包括子流形几何、谱几何、比较几何、曲率与拓扑不变量之间的关系)、拓扑空间理论(包括拓扑空间与拓扑不变量、拓扑空间的构造、基本群)、微分流形理论(包括微分流形、映射空间及其拓扑、微分拓扑三大定理、映射度理论、Morse 理论、de Rham 理论等)、同调论(包括单纯同调、奇异同调的性质、计算以及应用)以及同伦论简介(包括同伦群的概念、同伦正合列以及 Hurewicz 定理).这套图书是对微分几何学与拓扑学的理论及应用的一个全方位的、系统的、清晰的、具体的阐释,具有很强的可读性,笔者相信其对国内高校几何学与拓扑学的教学和科研将产生良好的促进作用.

本套图书的作者徐森林教授是著名的几何与拓扑学家,退休前长期担任中国科学技术大学(以下简称"科大")教授并被华中师范大学聘为特聘教授,多年来一直奋战在教学与科研的第一线.他 1965 年毕业于科大数学系几何拓扑学专业,跟笔者一起师从数学大师吴文俊院士,是科大"吴龙"的杰出代表.和"华龙""关龙"并称为科大"三龙"的"吴龙"的意思是,科大数学系 1960 年入学的同学(共 80 名),从一年级至五年级,由吴文俊老师主持并亲自授课形成的一条龙教学.在一年级和二年级上学期教微积分,在二年级下学期教微分几何.四年级分专业后,吴老师主持几何拓扑专业.该专业共有 9 名学生:徐森林、王启明、邹协成、王曼莉(后名王炜)、王中良、薛春华、任南衡、刘书麟、李邦河.专业课由吴老师讲代数几何,辅导老师是李乔和邓诗涛;岳景中老师讲代数拓扑,辅导老师是熊金城;李培信老师讲微分拓扑.笔者有幸与徐森林同学在一入学时就同住一室,在四、五年级时又同住一室,对他的数学才华非常佩服.

徐森林教授曾先后在国内外重要数学杂志上发表数十篇有关几何与拓扑学的科研论文,并多次主持国家自然科学基金项目.而更令人津津乐道的是,他的教学工作成果也非常突出,在教学上有一套行之有效的方法,曾培养出一大批知名数学家,也曾获得过包括宝钢教学奖在内的多个奖项.他所编著的图书均内容严谨、观点新颖、取材前沿,深受读者喜爱.

这套图书是作者多年以来在科大以及华中师范大学教授几何与拓扑学课程的经验总结,内容充实,特点鲜明.除了大量的例题和习题外,书中还收录了作者本人的部分研究工作成果.希望读者通过这套图书,不仅可以知晓前人走过的路,领略前人见过的风景,更可以继续向前,走出自己的路.

是为序!

中国科学院院士

李邦河

2018 年 11 月

前　言

　　代数拓扑是拓扑学的一个重要分支.它的特征是借助于一系列代数对象、方法,如群、环、域、同态、同构等,来研究拓扑空间在形变下的不变性质.

　　同调论、同伦论都是代数拓扑的基础,它们在数学各分支中的作用早已显现出来,不仅表现在与微分几何、微分方程、泛函分析、代数、大范围分析等联系密切,而且在电路分析等学科中也能找到它们的应用.

　　在《代数拓扑:同调论》中我们已经给出了一个重要的拓扑不变量与伦型不变量——同调群.本书主要给出另一个重要的拓扑不变量与伦型不变量——同伦群.同调群和同伦群都是 20 世纪以来近代数学的重要内容.

　　第 1 章引入 n 维同伦群并给出了同伦群的交替描述,使读者能像理解同调群那样深刻了解同伦群及其在数学中的重要作用与地位.

　　第 2 章证明了同伦序列的正合性,正合同伦序列与正合同调序列具有同等重要的地位;列举了大量同伦群的实例,表明存在不同的同调群或不同的同伦群,它们既不同胚又不同伦;给出了同伦群的直和分解定理与 Hurewicz 定理,使读者对同伦群有更直观、更深刻的理解.

　　感谢王作勤、梅加强两位博士的大力支持.

徐森林　薛春华

2018 年 9 月

目　次

序言　001

前言　003

第1章
n 维同伦群　001
1.1　n 维同伦群的定义　001
1.2　同伦群的交替描述　012

第2章
同伦群的伦型不变性、正合同伦序列　030
2.1　相对同伦群　030
2.2　正合同伦序列　038
2.3　同伦群的直和分解定理　046
2.4　Hurewicz 定理　058

第 1 章

n 维同伦群

1.1　n 维同伦群的定义

粘接引理、同伦、伦型

引理 1.1.1(粘接引理)　设 X 与 Y 为拓扑空间, $X_i (i=1,2)$ 为 X 的子空间,

$$X = X_1 \bigcup X_2.$$

连续映射 $f_i : X_i \to Y$ 适合

$$f_1 \mid_{X_1 \cap X_2} = f_2 \mid_{X_1 \cap X_2},$$

则可定义单值映射

$$f(x) = \begin{cases} f_1(x), & x \in X_1, \\ f_2(x), & x \in X_2. \end{cases}$$

如果 $X_i (i=1,2)$ 都为 X 的闭子集, 则上述 f 为一个连续映射.

证明　设 M 为 Y 的任意闭子集, 则

$$\begin{aligned} f^{-1}(M) &= f^{-1}(M) \bigcap (X_1 \bigcup X_2) \\ &= (f^{-1}(M) \bigcap X_1) \bigcup (f^{-1}(M) \bigcap X_2) \\ &= f_1^{-1}(M) \bigcup f_2^{-1}(M). \end{aligned}$$

由于 f_i 连续及 X_i 为 X 的闭子集, 故 $f_1^{-1}(M)$ 在 X_1 中, 因而在 X 中为闭集. 同理 $f_2^{-1}(M)$ 为 X 的闭集, 故 $f^{-1}(M)$ 亦为 X 的闭集. 这就证明了 f 为一个连续映射.　□

定义 1.1.1　设 X 与 Y 为拓扑空间, $f : X \to Y$ 为连续映射. X' 与 X'' 为 X 的子空间, Y' 与 Y'' 为 Y 的子空间. 如果连续映射 $f : X \to Y$ 满足 $f(X') \subset Y', f(X'') \subset Y''$, 则可记作

$$f : (X, X', X'') \to (Y, Y', Y'').$$

定义 1.1.2　设 f 与 $f' : (X, X', X'') \to (Y, Y', Y'')$ 为两个连续映射. 如果存在连续映射

$$F : (X \times I, X' \times I, X'' \times I) \to (Y, Y', Y''), \quad I = [0,1],$$

使得
$$F(x,0) = f(x), \ F(x,1) = f'(x), \quad \forall\, x \in X,$$
则称 f 与 f' 相对于 (X',X'')，(Y',Y'') 是同伦的，并记作
$$f \simeq f' : (X,X',X'') \to (Y,Y',Y'').$$

也可记作 $f \overset{F}{\simeq} f'$ 或 $F: f \simeq f'$. 在不致误解的情形下，简记作 $f \simeq f'$. 此时，F 称为从 f 到 f' 的一个**同伦**或**伦移**.

注 1.1.1 当 X'，X''，Y'，Y'' 都为空集时，就是通常所指的绝对同伦，记作
$$f \simeq f' : X \to Y.$$
当 $X'' = X'$，$Y'' = Y'$ 时，记作
$$f \simeq f' : (X,X') \to (Y,Y').$$
特别地，当 $F(x,t) = f(x)$，$\forall\, x \in X'$，$\forall\, t \in I$（即伦移 F 在 X' 上保持不动）时，记作
$$f \simeq f' \,\mathrm{rel}\, X' \quad (\text{rel 为 relative 的缩写，意为"相对的"}).$$

注 1.1.2 连续映射 f 与 f' 同伦有明显的几何直观. 对于 $(x,t) \in X \times I$，我们可将 t 理解为时间，则 $f_t(x) = F(x,t)$ 定义了一族连续映射
$$f_t : X \to Y.$$
对于 $t \in I$，$f_t(X)$ 表示在时刻 t，X 在 Y 中的像，特别当 $t = 0$ 时为连续映射 f，当 $t = 1$ 时为连续映射 f'. 注意，$f_t(x)$ 同时连续地依赖于点 $x(\in X)$ 与时间 $t(\in I)$. 总之，同伦 F 表达了连接 f 到 f' 的一连续形变.

需注意的是，定义 1.1.2 要求对 $\forall\, t \in I$，有 $f_t(X') \subset Y'$，$f_t(X'') \subset Y''$.

例 1.1.1 （1）设 $X = Y = \mathbf{R}^n$（n 维 Euclid 空间）. 记
$$\mathrm{id}_{\mathbf{R}^n} : \mathbf{R}^n \to \mathbf{R}^n$$
为恒同映射；
$$C : \mathbf{R}^n \to \mathbf{R}^n, \ c(x) = c \in \mathbf{R}^n, \quad \forall\, x \in \mathbf{R}^n$$
为常值映射，则
$$F(x,t) = (1-t)\mathrm{id}_{\mathbf{R}^n}(x) + tc$$
为连接 $\mathrm{id}_{\mathbf{R}^n}$ 与 c 的同伦，F 即是将 $\mathbf{R}^n$ 缩成一点 c 的同伦.

（2）设 X 为任意拓扑空间，Y 为 $\mathbf{R}^n$ 中的凸子集. 对于任何连续映射 $f: X \to Y$ 与 $f': X \to Y$，
$$F : X \times I \to Y,$$
$$F(x,t) = (1-t)f(x) + tf'(x)$$
为连接 f 与 f' 的线性同伦.

例 1.1.2 拓扑空间 Y 中连接点 y_0 与 y_1 的道路为一连续映射

$$f:(I,\{0\},\{1\}) \rightarrow (Y,y_0,y_1).$$

Y 中可用一条道路连接的点偶给出点偶间的等价关系.因而,Y 分成一些道路连通分支,使得

y_0 与 y_1 属于同一道路连通分支 $\quad\Leftrightarrow\quad$ 存在一道路连接 y_0 与 y_1.

显然,若 Y 含唯一的一个道路连通分支,则称 Y 是**道路连通**的.换言之,如果 Y 中任何两点都有一条道路相连,则 Y 是**道路连通**的.

定理 1.1.1 设 Y^X 是从拓扑空间 X 到拓扑空间 Y 的一切连续映射的集合,X',X'' 为 X 的子空间,Y',Y'' 为 Y 的子空间.令

$$(Y,Y',Y'')^{(X,X',X'')} = \{f \in Y^X \mid f(X') \subset Y', f(X'') \subset Y''\}$$

为 Y^X 的子集.自然,当 X',X'',Y',Y'' 都为空集时,$(Y,Y',Y'')^{(X,X',X'')}$ 即为 Y^X.

在集合 $(Y,Y',Y'')^{(X,X',X'')}$ 中,连续映射的同伦关系"$\simeq$"为一个等价关系,即对 $\forall f$,f',$f'' \in (Y,Y',Y'')^{(X,X',X'')}$,有

(1) $f \simeq f$(反身性);

(2) 若 $f \simeq f'$,则 $f' \simeq f$(对称性);

(3) 若 $f \simeq f'$,$f' \simeq f''$,则 $f \simeq f''$(传递性).

证明 (1) 显然,$F(x,t) = f(x)$ 为 f 到自身 f 的同伦,故 $f \simeq f$.

(2) 假设 F 是连接 f 到 f' 的同伦,则

$$F'(x,t) = F(x,1-t)$$

给出的连续映射 F' 为连接 f' 到 f 的同伦,故 $F':f' \simeq f$.

(3) 假设 $F_1:f \simeq f'$,$F_2:f' \simeq f''$,即连续映射

$$F_1:(X \times I, X' \times I, X'' \times I) \rightarrow (Y,Y',Y''),$$
$$F_2:(X \times I, X' \times I, X'' \times I) \rightarrow (Y,Y',Y''),$$

使得

$$F_1(x,0) = f(x), \quad F_1(x,1) = f'(x) = F_2(x,0), \quad F_2(x,1) = f''(x),$$

其中 $x \in X$.令

$$F(x,t) = \begin{cases} F_1(x,2t), & 0 \leqslant t \leqslant \dfrac{1}{2}, \\ F_2(x,2t-1), & \dfrac{1}{2} \leqslant t \leqslant 1, \end{cases}$$

因为

$$F\left(x,\frac{1}{2}\right) = F_1(x,1) = f'(x) = F_2(x,0) = F_2\left(x,2 \cdot \frac{1}{2} - 1\right),$$

所以由粘接引理(引理 1.1.1)知

$$F:(X \times I, X' \times I, X'' \times I) \rightarrow (Y,Y',Y'')$$

为连续映射,使得

$$F(x,0) = f(x), \quad F(x,1) = f''(x), \quad \forall x \in X.$$

从而,F 为连接 $F(x,0) = f(x)$ 与 $F(x,1) = f''(x)$ 的同伦,即 $F: f \simeq f''$(见图 1.1.1). $\square$

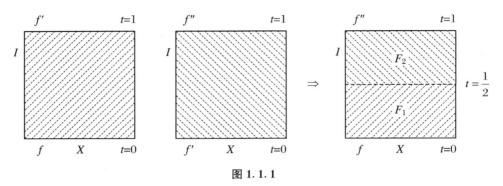

图 1.1.1

引理 1.1.2 设 X, Y 为拓扑空间,X_1 与 X_2 为 X 的子空间. 又设对映射 $f: X \to Y$ 与 $f': X \to Y$,有同伦 $F_i: f|_{X_i} \simeq f'|_{X_i}$ $(i = 1, 2)$,且满足

$$F_1 \mid_{(X_1 \cap X_2) \times I} = F_2 \mid_{(X_1 \cap X_2) \times I},$$

则

$$F(x,t) = \begin{cases} F_1(x,t), & x \in X_1, \ t \in I, \\ F_2(x,t), & x \in X_2, \ t \in I \end{cases}$$

给出的 F 为连接 f 与 f' 的同伦.

证明 根据题设和粘接引理,$F: X \times I \to Y$ 连续,它是连接 f 与 f' 的同伦. $\square$

注 1.1.3 定理 1.1.1 表明,集合 $(Y, Y', Y'')^{(X, X', X'')}$(特别地,$Y^X$)按映射的同伦关系划分成一些互不相交的等价类,其中每一类称为一个**同伦类**.

显然,当 $Y = \mathbf{R}^n$ 或 $\mathbf{R}^n$ 中的凸集时,Y^X 仅有一个同伦类.

定理 1.1.2 设 X, Y, Z 为拓扑空间. X' 与 X''为 X 的子空间,Y' 与 Y''为 Y 的子空间,Z' 与 Z''为 Z 的子空间. 如果

$$f \simeq f': (X, X', X'') \to (Y, Y', Y''),$$
$$g \simeq g': (Y, Y', Y'') \to (Z, Z', Z''),$$

则合成映射亦然,即

$$g \circ f \simeq g' \circ f': (X, X', X'') \to (Z, Z', Z'').$$

证明 根据定理 1.1.1(3),有:

(1) 若 $F: f \simeq f'$,则

$$G = g \circ F: g \circ f \simeq g \circ f'.$$

(2) 若 $H: g \simeq g'$,则由 $K(x,t) = H(f'(x), t)$ 给出了连接 $g \circ f'$ 和 $g' \circ f'$ 的同伦

$$K:(X\times I,X'\times I,X''\times I)\to(Z,Z',Z''),$$

即

$$g\circ f\overset{G=g\circ F}{\simeq}g\circ f'\overset{K=H(f'(x),t)}{\underbrace{\simeq}_{K\circ G}}g'\circ f'.\qquad\square$$

这个定理表明,在合成映射中,如果将其中的因子换成与之同伦的连续映射,则其结果与原来的合成映射同伦.

定义 1.1.3 设 X 与 Y 为拓扑空间,如果存在连续映射 $f:X\to Y$ 及连续映射 $g:Y\to X$,使得

$$g\circ f\simeq 1_X:X\to X,\quad f\circ g\simeq 1_Y:Y\to Y,$$

这里 $1_X:X\to X$ 与 $1_Y:Y\to Y$ 都为恒同映射.此时,f 称为从 X 到 Y 的一个**同伦等价**,g 称为 f 的一个**同伦逆**,并记作 $f:X\simeq Y$ 或 $X\overset{f}{\simeq}Y$,简记作 $X\simeq Y$.

定理 1.1.3 在全体拓扑空间这一集合中,同伦等价是一种等价关系.

证明 (1)设

$$f=\mathrm{id}_X:X\to X,\quad g=\mathrm{id}_X:X\to Y,$$

则 $f=\mathrm{id}_X$ 为从 X 到 X 的一个同伦等价,$g=\mathrm{id}_X=f^{-1}$ 为其同伦逆.因此,$X\simeq X$(自反性).

(2)设 $f:X\to Y$ 为同伦等价,$g:Y\to X$ 为其同伦逆,即

$$g\circ f\simeq\mathrm{id}_X:X\to X,\quad f\circ g=\mathrm{id}_Y:Y\simeq Y.$$

这表明 $X\simeq Y$.同时,这也表明 $Y\simeq X$.

(3)设

$$f:X\simeq Y,\quad h:Y\simeq Z,$$

而 $g:Y\to X,k:Z\to Y$ 分别为 f 与 h 的同伦逆.根据定理 1.1.2,有

$$(gk)(hf)=g(kh)f=g\,\mathrm{id}_Y f=gf=\mathrm{id}_X:X\to X,$$
$$(hf)(gk)=h(fg)k=h\,\mathrm{id}_Y k=hk=\mathrm{id}_Z:Z\to Z,$$

故

$$hf:X\simeq Z.\qquad\square$$

注 1.1.4 定理 1.1.3 表明,拓扑空间按同伦等价关系划分成许多等价类.

易见,同胚的空间具有相同的伦型(设 $f:X\to Y$ 为同胚,$g=f^{-1}:Y\to X$ 为同胚逆,则 $g\circ f=\mathrm{id}_X\simeq\mathrm{id}_X:X\to X,f\circ g=\mathrm{id}_Y\simeq\mathrm{id}_Y:Y\to Y$).

但具有相同伦型的拓扑空间不一定是同胚的.反例:

$$X=\mathbf{R}^n(n\geqslant1),\quad Y=\{y_0\}.$$

定义 1.1.4 如果拓扑空间 X 与由一点组成的空间同伦等价,则称 X 是**可缩**的.

定理 1.1.4 (1) X 为可缩空间 $\Leftrightarrow$ (2) $1_X : X \to X$ 是零伦的.

证明 (1) $\Rightarrow$ (2). 设 X 为可缩空间, 即 X 与 $\{y_0\}$ 具有相同的同伦型. 也就是有连续映射

$$f : X \to \{y_0\}, \quad g : \{y_0\} \to X,$$

使

$$g \circ f \simeq 1_X, \quad f \circ g \simeq 1_{\{y_0\}}.$$

记 $x_0 = g(y_0), c : x \mapsto x_0$ 为常值映射, 则 $c = g \circ f \simeq 1_X$, 即 1_X 是零伦的.

(1) $\Leftarrow$ (2). 设 $1_X : X \to X$ 是零伦的, 有

$$1_X \simeq c : X \to X.$$

记

$$f = c : X \to \{x_0\}, \quad g : \{x_0\} \to X,$$

使得

$$g(x_0) = x_0 \in X,$$

则

$$g \circ f = c \simeq 1_X, \quad f \circ g = 1_{\{x_0\}},$$

故 X 与 $\{x_0\}$ 有相同的伦型, 从而 X 为可缩空间. $\square$

注 1.1.5 定理 1.1.4 表明, 在伦型意义下, 可缩空间就是与独点拓扑空间有相同伦型的拓扑空间. 它是最简单的拓扑空间. $\mathbf{R}^n$, $\mathbf{R}^n$ 中的凸集 (特别是独点集) 都是可缩空间.

n 维同伦群

现今代数拓扑主要研究**伦型不变性**, 即具有相同伦型的拓扑空间的共同性质. 如多面体单纯同调群、拓扑空间的奇异同调群以及将讨论的同伦群, 尤其是基本群 (第 1 同伦群).

设 X 为拓扑空间,

$$I^n = \{(t_1, t_2, \cdots, t_n) \in \mathbf{R}^n \mid 0 \leqslant t_i \leqslant 1, i = 1, 2, \cdots, n\}$$

为 $n(\geqslant 1)$ 维方体. 特别地, $I^1 = I = [0,1]$.

定义 1.1.5 设连续映射 $f, g : I^n \to X$ 满足

$$f(1, t_2, \cdots, t_n) = g(0, t_2, \cdots, t_n),$$

则由式

$$h(t_1, t_2, \cdots, t_n) = \begin{cases} f(2t_1, t_2, \cdots, t_n), & 0 \leqslant t_1 \leqslant \dfrac{1}{2}, \\ g(2t_1 - 1, t_2, \cdots, t_n), & \dfrac{1}{2} \leqslant t_1 \leqslant 1 \end{cases}$$

给出连续映射 $h: I^n \to X$. 由于

$$f\left(2 \cdot \frac{1}{2}, t_2, \cdots, t_n\right) = f(1, t_2, \cdots, t_n) = g(0, t_2, \cdots, t_n)$$

$$= g\left(2 \cdot \frac{1}{2} - 1, t_2, \cdots, t_n\right),$$

根据粘接引理, h 为连续映射(见图 1.1.2). 记 $h = f + g$.

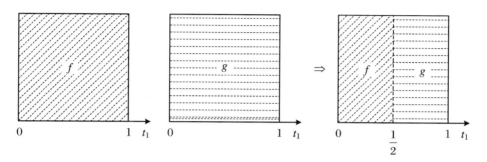

图 1.1.2

取定 $x_0 \in X$, 称它为**基点**. 记

$$\partial I^n = \left\{(t_1, t_2, \cdots, t_n) \in I^n \,\Big|\, \prod_{i=1}^n t_i(1 - t_i) = 0\right\}$$

为 I^n 的边界点集.

再记

$$M_n(X, x_0) = \{f \in X^{I^n} \mid f: (I^n, \partial I^n) \to (X, x_0) \text{ 为连续映射}\},$$

$$\pi_n(X, x_0) = \{[f] \mid f \in M_n(X, x_0)\}.$$

$\pi_n(X, x_0)$ 表示 $M_n(X, x_0)$ 中关于连续映射的同伦关系 $f \simeq g: (I^n, \partial I^n) \to (X, x_0)$ 所分成的同伦类的集合.

定义 1.1.6 设

$$\alpha = [f], \quad \beta = [g] \in \pi_n(X, x_0),$$

其中 $f, g: (I^n, \partial I^n) \to (X, x_0)$ 分别为 α 与 β 的代表映射. 令

$$\alpha + \beta = [f + g] \in \pi_n(X, x_0),$$

则 "+" 为 $\pi_n(X, x_0)$ 中的代数运算.

由

$$f, g \in M_n(X, x_0)$$

易知

$$f + g: (I^n, \partial I^n) \to (X, x_0),$$

故

$$f + g \in M_n(X, x_0).$$

根据引理 1.1.2，$\alpha + \beta$ 的定义与 α, β 的代表映射的选取无关.

定理 1.1.5　$\pi_n(X, x_0)$ 按定义 1.1.5 中的运算"+"构成一个群，称为以 x_0 为基点的 X 的第 n 个同伦群（或称 n 维同伦群）.

证明　(1) 先证结合律.

设

$$f, g, h \in M_n(X, x_0),$$

则连续映射 $p = (f + g) + h, q = f + (g + h)$ 分别由以下两式定义（见图 1.1.3）：

$$p(t_1, t_2, \cdots, t_n) = \begin{cases} f(4t_1, t_2, \cdots, t_n), & 0 \leqslant t_1 \leqslant \dfrac{1}{4}, \\[2mm] g(4t_1 - 1, t_2, \cdots, t_n), & \dfrac{1}{4} \leqslant t_1 \leqslant \dfrac{1}{2}, \\[2mm] h(2t_1 - 1, t_2, \cdots, t_n), & \dfrac{1}{2} \leqslant t_1 \leqslant 1; \end{cases}$$

$$q(t_1, t_2, \cdots, t_n) = \begin{cases} f(2t_1, t_2, \cdots, t_n), & 0 \leqslant t_1 \leqslant \dfrac{1}{2}, \\[2mm] g(4t_1 - 2, t_2, \cdots, t_n), & \dfrac{1}{2} \leqslant t_1 \leqslant \dfrac{3}{4}, \\[2mm] h(4t_1 - 3, t_2, \cdots, t_n), & \dfrac{3}{4} \leqslant t_1 \leqslant 1. \end{cases}$$

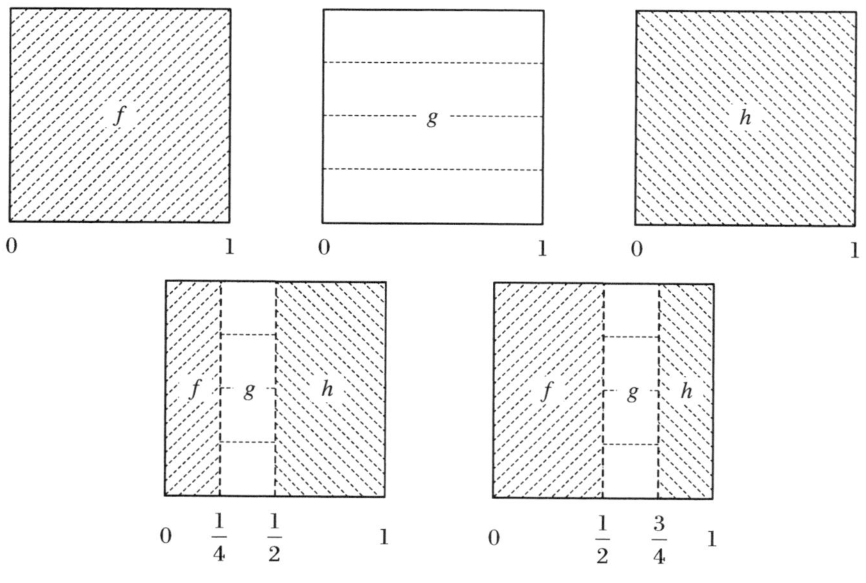

图 1.1.3

为证明

$$([f] + [g]) + [h] = [f] + ([g] + [h]),$$

我们记 $l: I \to I$ 为连续函数：

$$l(t) = \begin{cases} 2t, & 0 \leqslant t \leqslant \dfrac{1}{4}, \\[2mm] t + \dfrac{1}{4}, & \dfrac{1}{4} \leqslant t \leqslant \dfrac{1}{2}, \\[2mm] \dfrac{1}{2}(t + 1), & \dfrac{1}{2} \leqslant t \leqslant 1. \end{cases}$$

显然，l 将 $\left[0, \dfrac{1}{4}\right]$，$\left[\dfrac{1}{4}, \dfrac{1}{2}\right]$，$\left[\dfrac{1}{2}, 1\right]$ 分别线性地映到 $\left[0, \dfrac{1}{2}\right]$，$\left[\dfrac{1}{2}, \dfrac{3}{4}\right]$，$\left[\dfrac{3}{4}, 1\right]$ 上（见图 1.1.4），且由图 1.1.5 可以看出，$l \simeq 1_I : (I^n, \partial I^n) \to (I^n, \partial I^n)$.

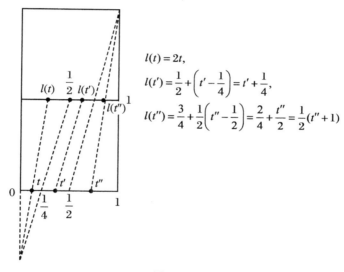

$$l(t) = 2t,$$
$$l(t') = \frac{1}{2} + \left(t' - \frac{1}{4}\right) = t' + \frac{1}{4},$$
$$l(t'') = \frac{3}{4} + \frac{1}{2}\left(t'' - \frac{1}{2}\right) = \frac{2}{4} + \frac{t''}{2} = \frac{1}{2}(t'' + 1)$$

图 1.1.4

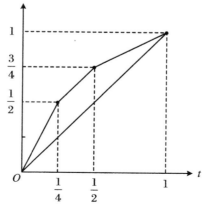

图 1.1.5

令 $r:I^n \to I^n$ 为映射,使得

$$r(t_1, t_2, \cdots, t_n) = (l(t_1), t_2, \cdots, t_n).$$

易见

$$r \simeq 1_I : (I^n, \partial I^n) \to (I^n, \partial I^n).$$

于是,根据定理 1.1.2,有

$$p = q \circ r \simeq q : (I^n, \partial I^n) \to (X, x_0).$$

这就证明了

$$([f] + [g]) + [h] = [f] + ([g] + [h]).$$

(2) 现在证明右零元存在.

设

$$c : I^n \to X, \quad c(I^n) = x_0 \in X$$

为常值映射.

对

$$\forall [f] \in \pi_n(X, x_0),$$

令

$$F : (I^n \times I, \partial I^n \times I) \to (X, x_0),$$

$$F(t_1, t_2, \cdots, t_n, t) = (f + c)\left(\left(1 - \frac{t}{2}\right)t_1, t_2, \cdots, t_n\right),$$

给出了一个连续映射. 易知(见图 1.1.6)

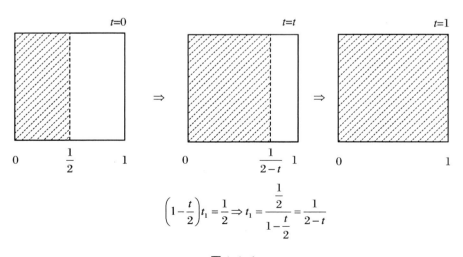

$$\left(1 - \frac{t}{2}\right)t_1 = \frac{1}{2} \Rightarrow t_1 = \frac{\frac{1}{2}}{1 - \frac{t}{2}} = \frac{1}{2 - t}$$

图 1.1.6

$$F\mid_{I^n\times\{0\}} = f + c,$$

$$F\mid_{I^n\times\{1\}} = (f + c)\left(\frac{1}{2}t_1, t_2, \cdots, t_n\right)$$

$$= \begin{cases} f\left(2\cdot\frac{1}{2}t_1, t_2, \cdots, t_n\right), & 0\leqslant\frac{1}{2}t_1\leqslant\frac{1}{2}, \\ c\left(2\cdot\frac{1}{2}t_1 - 1, t_2, \cdots, t_n\right), & \frac{1}{2}\leqslant\frac{1}{2}t_1\leqslant 1 \end{cases}$$

$$= \begin{cases} f(t_1, t_2, \cdots, t_n), & 0\leqslant t_1\leqslant 1, \\ c(t_1 - 1, t_2, \cdots, t_n), & 1\leqslant t_1\leqslant 2 \end{cases}$$

$$= f(t_1, t_2, \cdots, t_n), \quad 0\leqslant t_1\leqslant 1.$$

故

$$[f] + [c] = [f],$$

即 $[c]$ 为右零元.

（3）接着证明右负元存在.

对于

$$[f] \in \pi_n(X, x_0),$$

记

$$\bar{f} : (I^n, \partial I^n) \to (X, x_0)$$

为由式

$$\bar{f}(t_1, t_2, \cdots, t_n) = f(1 - t_1, t_2, \cdots, t_n)$$

给出的连续映射，则

$$F(t_1, t_2, \cdots, t_n, t) = \begin{cases} f(2t_1, t_2, \cdots, t_n), & 0\leqslant t_1\leqslant\dfrac{1-t}{2}, \\[2mm] f(1 - t, t_2, \cdots, t_n), & \dfrac{1-t}{2}\leqslant t_1\leqslant\dfrac{1+t}{2}, \\[2mm] \bar{f}(2t_1 - 1, t_2, \cdots, t_n), & \dfrac{1+t}{2}\leqslant t_1\leqslant 1 \end{cases}$$

给出的连续映射为连接 $f + \bar{f}$ 到 c 的相对于 ∂I^n 的同伦，其中 c 为（2）中的常值映射，故

$$[f] + [\bar{f}] = [c],$$

即 $[\bar{f}]$ 为 $[f]$ 的右负元（见图 1.1.7）. $\qquad\qquad\square$

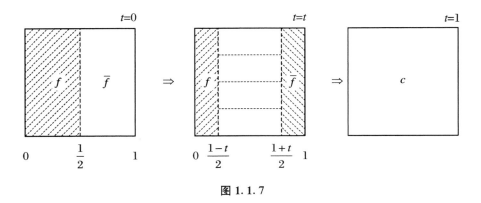

$t=0$ $t=t$ $t=1$

f $\bar{f}$ $\Rightarrow$ f $\bar{f}$ $\Rightarrow$ c

0 $\dfrac{1}{2}$ 1 $\qquad$ 0 $\dfrac{1-t}{2}$ $\dfrac{1+t}{2}$ 1

图 1.1.7

1.2 同伦群的交替描述

引理 1.2.1 记

$$I_1^n = \left\{ (t_1, t_2, \cdots, t_n) \in I^n \,\middle|\, t_1 \leqslant \frac{1}{2} \right\},$$

$$I_2^n = \left\{ (t_1, t_2, \cdots, t_n) \in I^n \,\middle|\, t_1 \geqslant \frac{1}{2} \right\}.$$

对 $\forall\, \alpha \in \pi_n(X, x_0)$，$\exists\, f', f'' \in \alpha$，使得

$$f'(I_2^n) = x_0 = f''(I_1^n).$$

映射 f' 与 f'' 分别称为聚集在 I_1^n 与 I_2^n 上 α 的代表.

证明 设

$$\alpha = [f],$$

命

$$f' = f + c, \quad f'' = c + f.$$

由定义 1.1.4 易见

$$f'(I_2^n) = x_0 = f''(I_1^n).$$

根据定理 1.1.5 的证明，有

$$f' \simeq f \simeq f'' : (I^n, \partial I^n) \to (X, x_0),$$

故 $f', f'' \in \alpha$. $\qquad\qquad\qquad\qquad\qquad\qquad\qquad\qquad\qquad$ □

引理 1.2.2 设

$$\alpha = [f'], \ \beta = [g''] \in \pi_n(X, x_0),$$

其中

$$f'(I_2^n) = x_0 = g''(I_1^n).$$

命 $h:(I_2^n, \partial I^n) \to (X, x_0)$ 是由式

$$h(t_1, t_2, \cdots, t_n) = \begin{cases} f'(t_1, t_2, \cdots, t_n), & 0 \leqslant t_1 \leqslant \dfrac{1}{2}, \\ g''(t_1, t_2, \cdots, t_n), & \dfrac{1}{2} \leqslant t_1 \leqslant 1 \end{cases}$$

给出的映射,则

$$[h] = \alpha + \beta.$$

证明 命

$$F:(I^n \times I, \partial I^n \times I) \to (X, x_0)$$

为映射,使得

$$F(t_1, t_2, \cdots, t_n, t) = \begin{cases} f'((1+t)t_1, t_2, \cdots, t_n), & 0 \leqslant t_1 \leqslant \dfrac{1}{2}, \\ g''((1+t)t_1 - t, t_2, \cdots, t_n), & \dfrac{1}{2} \leqslant t_1 \leqslant 1, \end{cases}$$

则 F 为连接 h 到 $f' + g''$ 的同伦. $\square$

同伦群的交替描述

同伦群流行的定义中,一般有两种方法:一种用方体 I^n 上的映射;另一种用 n 维球面 S^n 取代 I^n. 为直接给出这样一个交替描述,只需应用适当的映射

$$\varphi_n: I^n \to S^n,$$

具体如下(参阅文献[4]):

$B^{n+1} = \left\{ (t_1, t_2, \cdots, t_{n+1}) \in \mathbf{R}^{n+1} \mid \sum_{i=1}^{n+1} t_i^2 \leqslant 1 \right\}$ 为 $n+1$ 维(实心)球体, $n \geqslant 0$;

$S^n = \left\{ (t_1, t_2, \cdots, t_{n+1}) \in \mathbf{R}^{n+1} \mid \sum_{i=1}^{n+1} t_i^2 = 1 \right\}$ 为 n 维球面,即 B^{n+1} 的边界点集,

$p_0 = (1, 0, \cdots, 0)$ 为其基点;

$S_+^n = \{ (t_1, t_2, \cdots, t_{n+1}) \in S^n \mid t_{n+1} \geqslant 0 \}$ 为 S^n 的北半球;

$S_-^n = \{ (t_1, t_2, \cdots, t_{n+1}) \in S^n \mid t_{n+1} \leqslant 0 \}$ 为 S^n 的南半球.

易见

$$S^n = S_+^n \bigcup S_-^n, \quad S^{n-1} = S_+^n \bigcap S_-^n.$$

引理 1.2.3 存在连续映射

$$\varphi_n: (I^n, \partial I^n) \to (S^n, p_0), \quad n \geqslant 1,$$

使得:

(1) φ_n 将 $I^n - \partial I^n$ 同胚映到 $S^n - \{p_0\}$ 上;

(2) $\varphi_n(I_1^n) = S_+^n$, $\varphi_n(I_2^n) = S_-^n$.

其中

$$I_1^n = \left\{ (t_1, t_2, \cdots, t_n) \in I^n \,\middle|\, t_1 \leqslant \frac{1}{2} \right\},$$

$$I_2^n = \left\{ (t_1, t_2, \cdots, t_n) \in I^n \,\middle|\, t_1 \geqslant \frac{1}{2} \right\}.$$

证明 对 $n \geqslant 1$,令

$$d_n : S^{n-1} \times [-1, 1] \to S^n$$

为连续映射,使得

$d_n(u, t)$

$$= \begin{cases} (t + (1-t)t_1, (1-t)t_2, \cdots, (1-t)t_n, \sqrt{2t(1-t)(1-t_1)}), \\ \qquad 0 \leqslant t \leqslant 1, \\ (-t + (1+t)t_1, (1+t)t_2, \cdots, (1+t)t_n, -\sqrt{-2t(1+t)(1-t_1)}), \\ \qquad -1 \leqslant t \leqslant 0, \end{cases}$$

其中 $u = (t_1, t_2, \cdots, t_n, 0) \in S^{n-1}$(见图 1.2.1).

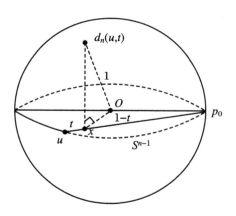

图 1.2.1

几何上,对 $\forall u \in S^{n-1}$, $0 \leqslant t \leqslant 1$, $d_n(u, t)$ 为 S_+^n 上这样的一点:它在"赤道平面" $t_{n+1} = 0$ 上的正投影像点恰分 u 至 $p_0 = (1, 0, \cdots, 0)$ 的比为 $t : (1-t)$. 于是

$$x = (1-t)u + tp_0,$$

再根据勾股定理,有

$$|\overline{xd_n(u, t)}| = \sqrt{1^2 - |x|^2}$$

$$= \sqrt{1 - ((1-t)u + tp_0)^2}$$

$$= \sqrt{1 - ((1-t)^2 + t^2 + 2t(1-t)up_0)}$$

$$= \sqrt{2t - 2t^2 - 2t(1-t)t_1}$$

$$= \sqrt{2t(1-t)(1-t_1)}.$$

当 $-1 \leqslant t \leqslant 0$ 时，$d_n(u,t)$ 为 $d_n(u,-t)$ 对 $t_{n+1} = 0$ 的反射点.

此外，记 $\overline{d}_n : S^{n-1} \times I \to S^n$ 为连续映射，使得

$$\overline{d}_n(u,t) = d_n(u,l(t)), \quad u \in S^{n-1},$$

以及

$$l : I \to [-1,1]$$

是使 $l(0) = 1, l(1) = -1$ 的线性同胚映射.

易见：

（ⅰ）$\overline{d}_n$ 同胚地映 $(S^{n-1} - \{p_0\}) \times \left(0, \dfrac{1}{2}\right]$ 到 $S_+^n - \{p_0\}$ 上，同胚地映 $(S^{n-1} - \{p_0\})$

$\times \left[\dfrac{1}{2}, 1\right)$ 到 $S_-^n - \{p_0\}$ 上，$\overline{d}_n\left(u, \dfrac{1}{2}\right) = u, u \in S^{n-1}$；

（ⅱ）$\overline{d}_n$ 映 $(S^{n-1} \times \{0\}) \bigcup (S^{n-1} \times \{1\}) \bigcup (\{p_0\} \times I)$ 到 $\{p_0\}$ 上.

现用归纳法定义 φ_n 如下：

当 $n = 1$ 时，令

$$\varphi_1(t) = \overline{d}_1(-1,t) = \begin{cases} (2l(t) - 1, 2\sqrt{l(t)(1-l(t))}), & 0 \leqslant t \leqslant \dfrac{1}{2}, \\ (-2l(t) - 1, -2\sqrt{-l(t)(1+l(t))}), & \dfrac{1}{2} \leqslant t \leqslant 1; \end{cases}$$

当 $n > 1$ 时，令

$$\varphi_n(t_1, t_2, \cdots, t_n) = \overline{d}_n(\varphi_{n-1}(t_2, t_3, \cdots, t_n), t_1), \quad (t_1, t_2, \cdots, t_n) \in I^n.$$

下面用归纳法论证 φ_n 满足引理的要求.

当 $n = 1$ 时，根据定义易验证：

(1) φ_1 将 $(0,1)$ 映为 $S^1 - \{(1,0)\}$ 且为同伦.

(2) $\varphi_1\left(\left[0, \dfrac{1}{2}\right]\right) = S_+^1$，$\varphi_1\left(\left[\dfrac{1}{2}, 1\right]\right) = S_-^1$.

现假定 $\varphi_1, \varphi_2, \cdots, \varphi_n$ 满足命题要求. 注意

$$I^n - \partial I^n = (0,1) \times (I^{n-1} - \partial I^{n-1}),$$

而 φ_{n-1} 将 $I^{n-1} - \partial I^{n-1}$ 同胚地映到 $S^{n-1} - \{(1,0,\cdots,0)\}$ 上. 且 $\overline{d}_n$ 将 $(S^{n-1} - \{(1,0,\cdots,0)\}) \times (0,1)$ 同胚地映到 $S^n - \{(1,0,\cdots,0)\}$ 上. 于是，φ_n 将 $I^n - \partial I^n$ 同胚地映到 $S^n - \{(1,0,\cdots,0)\}$ 上. 此外

$$I_1^n = I_1^{n-1} \times [0,1],$$

故

$$\varphi_n(I_1^n) = \overline{d}_n\left(\varphi_{n-1}(I^{n-1}) \times \left[0, \frac{1}{2}\right]\right)$$

$$= \overline{d}_n\left(S^{n-1} \times \left[0, \frac{1}{2}\right]\right)$$

$$= \overline{d}_n\left((S^{n-1} - \{p_0\}) \times \left(0, \frac{1}{2}\right]\right) \bigcup \overline{d}_n\left(\{p_0\} \times \left[0, \frac{1}{2}\right]\right) \bigcup \overline{d}_n((S^{n-1} - \{p_0\}) \times \{0\})$$

$$= (S_+^n - \{p_0\}) \bigcup \{p_0\} = S_+^n.$$

同理可证

$$\varphi_n(I_2^n) = S_-^n. \qquad \square$$

作为交替描述的应用,有:

定理 1.2.1 当 $n \geqslant 2$ 时,$\pi_n(X, x_0)$ 为交换群.

证明 令

$$r_t : (S^n, p_0) \rightarrow (S^n, p_0),$$

$$r_t(t_1, t_2, \cdots, t_{n+1}) = (t_1, t_2, \cdots, t_{n-1}, t_n \cos t\pi - t_{n+1} \sin t\pi, t_n \sin t\pi + t_{n+1} \cos t\pi),$$

则这个旋转同伦,且有

$$r_1 \simeq r_0 = 1_{S^n}, \quad r_1(S_+^n) = S_-^n, \quad r_1(S_-^n) = S_+^n, \quad r_t(p_0) = p_0.$$

再设

$$\alpha^{\#} = [f^{\#}], \ \beta^{\#} = [g^{\#}] \in \pi_n^{\#}(X, x_0), \quad f^{\#}(S_-^n) = x_0 = g^{\#}(S_+^n).$$

令

$$h^{\#} : (S^n, p_0) \rightarrow (X, x_0),$$

使得

$$h^{\#}(u) = \begin{cases} f^{\#}(u), & u \in S_+^n, \\ g^{\#}(u), & u \in S_-^n, \end{cases}$$

则

$$h^{\#} \in M_n^{\#}(X, x_0).$$

记

$$h^{\#} = f^{\#} + g^{\#},$$

于是

$$f^{\#} r_1 \simeq f^{\#} r_0 = f^{\#} 1_{S^n} = f^{\#},$$

$$g^{\#} r_1 \simeq g^{\#} r_0 = g^{\#} 1_{S^n} = g^{\#},$$

$$h^{\#} r_1 \simeq h^{\#} r_0 = h^{\#} 1_{S^n} = h^{\#} : (S^n, p_0) \rightarrow (X, x_0),$$

且

$$g^{\#} r_1(S_-^n) = x_0 = f^{\#} r_1(S_+^n);$$

$$h^{\#} r_1 \mid_{S_+^n} = g^{\#} r_1 \mid_{S_+^n},$$

$$h^{\#} r_1 \mid_{S_-^n} = f^{\#} r_1 \mid_{S_-^n}.$$

即

$$h^{\#} r_1(u) = \begin{cases} g^{\#} r_1(u), & u \in S_+^n, \\ f^{\#} r_1(u), & u \in S_-^n. \end{cases}$$

因此

$$\alpha^{\#} + \beta^{\#} \xlongequal{\text{定义}} [h^{\#}] = [h^{\#} r_1] \xlongequal{\text{定义}} \beta^{\#} + \alpha^{\#}.$$

这就证明了,当 $n \geqslant 2$ 时,加法"$+$"是可交换的. □

注 1.2.1 当 $n \geqslant 2$ 时,由旋转同伦以及同伦群的第 2 种描述终于证明了 $\pi_n(X, x_0)$ ($n \geqslant 2$)是可交换的.但是,当 $n = 1$ 时,就没有旋转同伦可以依靠.此时,第 1 同伦群(基本群)$\pi_1(X, x_0)$ 不必是可交换的.文献[5]例 3.5.16 中的"8"字形的基本群是非交换群,它是一个典型的反例.

定理 1.2.2 设 $l : S^n \to S^n$ 为反射

$$l(t_1, t_2, \cdots, t_n, t_{n+1}) = (t_1, t_2, \cdots, t_n, -t_{n+1}),$$

$f : (S^n, p_0) \to (X, x_0)$ 为连续映射,$n \geqslant 1$,则

$$[f] + [fl] = 0 \in \pi_n(X, x_0),$$

其中 0 为 $\pi_n(X, x_0)$ 的零元.于是,$[fl]$ 为 $[f]$ 的右负元.

证明 不妨设 $f(S_-^n) = x_0$.令

$$g : (S^n, p_0) \to (X, x_0),$$

使得

$$g \mid_{S_+^n} = f \mid_{S_+^n}, \quad g \mid_{S_-^n} = fl \mid_{S_-^n}.$$

于是

$$g(u) = \begin{cases} f(u), & u \in S_+^n, \\ fl(u), & u \in S_-^n \end{cases}$$
$$= (f + fl)(u),$$
$$g = f + fl,$$
$$gl(u) = \begin{cases} fl(lu), & u \in S_+^n, \\ fl(u), & u \in S_-^n \end{cases}$$
$$= \begin{cases} f(u), & u \in S_+^n, \\ fl(u), & u \in S_-^n \end{cases}$$
$$= g(u),$$

$$gl = g.$$

再定义连续映射 $\widetilde{g}: B^{n+1} \to X$，使得

$$\widetilde{g}(u) = g(t_1, t_2, \cdots, t_n, \sqrt{1 - (t_1^2 + \cdots + t_n^2)}),$$

其中

$$u = (t_1, t_2, \cdots, t_{n+1}) \in B^{n+1}$$

及 $F: (S^n \times I, \{p_0\} \times I) \to (X, x_0)$ 为连续映射，使得

$$F(u, t) = \widetilde{g}(tp_0 + (1-t)u), \quad u \in S^n, \ t \in I.$$

易见

$$\begin{aligned}
F(u, 0) &= \widetilde{g}(0 \cdot p_0 + (1-0)u) = \widetilde{g}(u) \\
&= g(t_1, t_2, \cdots, t_n, \sqrt{1 - (t_1^2 + \cdots + t_n^2)}) \\
&= g(u), \\
F(u, 1) &= \widetilde{g}(1 \cdot p_0 + (1-1)u) \\
&= \widetilde{g}(p_0) = g(p_0) = x_0,
\end{aligned}$$

从而

$$g \simeq c = x_0 : (S^n, p_0) \to (X, x_0),$$

即

$$[f] + [fl] = [f + fl] = [g] = [c] = 0. \qquad \square$$

基点 x_0 对同伦群 $\pi_n(X, x_0)$ 的作用

现在转而考虑基点 x_0 的选择对同伦群 $\pi_n(X, x_0)$ 的影响.

为此，先介绍引理.

引理 1.2.4 设 B^n 为 n 维单位球体，S^{n-1} 为 $n-1$ 维单位球面，则 $B^n \times \{0\} \bigcup S^{n-1} \times I$ 为 $B^n \times I$ 的收缩核，$n \geqslant 1$.

证明 令 $r: B^n \times I \to B^n \times \{0\} \bigcup S^{n-1} \times I$，使

$$r(u, t) = \begin{cases} \left(\dfrac{u}{\|u\|}, 2 - \dfrac{2-t}{\|u\|}\right), & \|u\| \geqslant 1 - \dfrac{t}{2}, \\[2mm] \left(\dfrac{2u}{2-t}, 0\right), & \|u\| \leqslant 1 - \dfrac{t}{2}, \end{cases}$$

其中

$$u = (t_1, t_2, \cdots, t_n) \in B^n, \quad \|u\| = \sqrt{\sum_i t_i}.$$

几何上，保核收缩映射 r 是 $\mathbf{R}^{n+1}$ 中由点 $A(0, 0, \cdots, 2)$ 所作的中心投影（见图 1.2.2）. $\qquad \square$

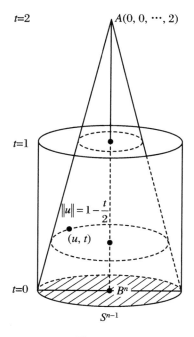

图 1.2.2

显然,用 n 维单形 σ^n 与其边界 $\partial\sigma^n$ 代替 B^n 与 S^{n-1},引理仍成立.

下面我们引入两个有用的定理.

引理 1.2.5 设 K 为 Euclid 空间中的有限复形,L 为其闭子复形.记
$$P = |K| \times I, \quad Q = |K| \times \{0\} \bigcup L \times I,$$
则 Q 为 P 的收缩核.

证明(对 K 所含单形的个数 m 作归纳) 设 $m=1$,K 仅由一个顶点组成,命题显然成立.

现设 $m > 1$,若 K 的维数为 0,命题亦显然成立.

若 K 的维数大于 0,不妨设 $L \neq K$,记 σ^n 为 $K-L$ 中维数最大的一个单形.由
$$K' = K - \sigma^n, \quad P' = |K'| \times I,$$
$$Q' = |K'| \times \{0\} \bigcup |L| \times I, \quad P_1 = P' \bigcup (\sigma^n \times \{0\})$$
知
$$Q = Q' \bigcup (\sigma^n \times \{0\}).$$

由归纳法假设及引理 1.2.4 知,存在保核收缩映射
$$r': P' \to Q', \quad r'': \sigma^n \times I \to \sigma^n \times \{0\} \bigcup \partial\sigma^n \times I.$$
于是
$$r_1: P \to P_1, \quad r_2: P_1 \to Q,$$

且分别由式

$$r_1(u) = \begin{cases} u, & u \in P_1, \\ r''(u), & u \in \sigma^n \times I \end{cases}$$

和

$$r_2(u) = \begin{cases} r'(u), & u \in P', \\ u, & u \in \sigma^n \times \{0\} \end{cases}$$

给出,则 $r = r_2 r_1 : P \to Q$ 为保核收缩映射(见图 1.2.3).

$$P \xrightarrow{r_1} P_1 \xrightarrow{r_2} Q = Q' \bigcup (\sigma^n \times \{0\})$$
$$\underbrace{\qquad\qquad}_{r = r_2 r_1}$$

图 1.2.3

定理 1.2.3(有限复形偶的绝对同伦扩张性质) 设 K 是 Euclid 空间中的有限复形,L 是其闭子复形,X 是任意拓扑空间.令 $f : |K| \to X$ 为连续映射,$H : |L| \times I \to X$ 为(部分)同伦,使得

$$H(u, 0) = (f|_L)(u), \quad u \in |L|,$$

则存在从 f 到 f' 的同伦

$$\widetilde{H} : |K| \times I \to X,$$

使得

$$\widetilde{H}(u, t) = H(u, t), \quad u \in |L|,$$

其中 f' 是 $H|_{|L| \times \{1\}}$ 的扩张映射 $: |K| \to X$.

证明 设多面体 P 与 Q 及收缩映射 r 如引理 1.2.5 中所述.令

$$\overline{H} : Q \to X$$

为连续映射,使得

$$\overline{H}(u, t) = \begin{cases} f(u), & (u, t) \in |K| \times \{0\}, \\ H(u, t), & (u, t) \in |L| \times I, \end{cases}$$

其中

$$\widetilde{H} = \overline{H} r : |K| \times I \to X$$

为所求的同伦.

引理 1.2.6 设 X 为道路连通空间,$x_0, x_1 \in X$,记 $\pi(X, x_0, x_1)$ 为连续映射集合

$$(X, x_0, x_1)^{(I, \{0\}, \{1\})} = \{\sigma \mid \sigma : (I, \{0\}, \{1\}) \to (X, x_0, x_1)\}$$

按同伦关系 $\sigma \simeq \sigma' : (I, \{0\}, \{1\}) \to (X, x_0, x_1)$ 所划分的同伦类的集合,则有:

(1) 设

$$f \in M_n^*(X, x_0), \quad \sigma : (I, \{0\}, \{1\}) \to (X, x_0, x_1)$$

为连续映射,则有 $f' \in M_n^*(X, x_1)$ 及从 f 到 f' 的同伦

$$F: S^n \times I \to X,$$

使得

$$F(p_0, t) = \sigma(t), \quad t \in I.$$

(2) 设

$$f \simeq g: (S^n, p_0) \to (X, x_0), \quad f' \simeq g': (S^n, p_0) \to (X, x_1).$$

又设

$$\sigma \simeq \sigma': (I, \{0\}, \{1\}) \to (X, x_0, x_1)$$

及从 f 到 f' 的同伦

$$F: S^n \times I \to X,$$

使得

$$F(p_0, t) = \sigma(t), \quad t \in I.$$

则存在连接 g 到 g' 的同伦

$$G: S^n \times I \to X,$$

使得

$$G(p_0, t) = \sigma'(t), \quad t \in I.$$

(3) 设

$$f, f' \in M^*(X, x_0), \quad \sigma \simeq c: (I, \partial I) \to (X, x_0),$$

c 为常值映射. 又设

$$F: S^n \times I \to X$$

为连接 f 到 f' 的同伦,且使得

$$F(p_0, t) = \sigma(t), \quad t \in I,$$

则

$$f \simeq f': (S^n, p_0) \to (X, x_0).$$

(4) 设

$$f, g \in M_n^*(X, x_0),$$
$$f' \simeq g': (S^n, p_0) \to (X, x_0),$$
$$\sigma \simeq \sigma': (I, \{0\}, \{1\}) \to (X, x_0, x_1).$$

又设 $F: S^n \times I \to X$ 是连接 f 到 f' 的同伦,使得

$$F(p_0, t) = \sigma(t), \quad t \in I,$$

$G: S^n \times I \to X$ 是连接 g 到 g' 的同伦,使得

$$G(p_0, t) = \sigma'(t), \quad t \in I,$$

则
$$f \simeq g : (S^n, p_0) \rightarrow (X, x_0).$$

证明 （1）设
$$|K| = S^n, \quad |L| = p_0, \quad H = \sigma : |L| \times I = p_0 \times I,$$
根据同伦扩张性质（定理 1.2.3），有
$$f' \in M^*(X, x_1)$$
及从 f 到 f' 的同伦
$$F : S^n \times I \rightarrow X,$$
使得
$$F(p_0, t) = \sigma(t), \quad t \in I.$$

（2）取
$$|K| = S^n \times I, \quad |L| = S^n \times \{0\} \bigcup S^n \times \{1\} \bigcup (p_0) \times I.$$
又取连续映射
$$F : |K| = S^n \times I \rightarrow X$$
及部分同伦
$$H : |L| \times I \rightarrow X,$$
其中
$$H \big|_{(S^n \times \{0\}) \times I} : f \simeq g,$$
$$H \big|_{(S^n \times \{1\}) \times I} : f' \simeq g',$$
$$H \big|_{((p_0) \times I) \times I} : \sigma \simeq \sigma'.$$
存在连续映射
$$G : S^n \times I \rightarrow X$$
为 $H|_{|L| \times \{1\}}$ 的扩张，亦是连接 g 与 g' 的同伦，且
$$G(p_0, t) = \sigma'(t), \quad t \in I.$$

（3）在结论（2）中，取
$$g = f, \quad g' = f', \quad x_1 = x_0, \quad \sigma' = c,$$
即得
$$f \simeq f' : (S^n, p_0) \rightarrow (X, x_0).$$

（4）根据结论（2），不妨设
$$\sigma = \sigma', \quad f' = g'.$$
令 $\overline{G} : S^n \times I \rightarrow X$ 为连续映射，使得 $\overline{G}(u, t) = G(u, 1 - t)$ 及 $H : S^n \times I \rightarrow X$ 为连续映射，使得

$$H(u,t) = \begin{cases} F(u,2t), & 0 \leqslant t \leqslant \dfrac{1}{2}, \\ \overline{G}(u,2t-1), & \dfrac{1}{2} \leqslant t \leqslant 1, \end{cases}$$

则

$$H\,|_{(p_0) \times I} \simeq c : (I, \partial I) \to (X, x_0).$$

由结论(3)即得结论(4),即

$$f \simeq g : (S^n, p_0) \to (X, x_0). \qquad \square$$

定义 1.2.1 设

$$\alpha' = [f'] \in \pi_n(X, x_1), \quad \xi = [\sigma] \in \pi(X, x_0, x_1).$$

仿照引理 1.2.6(1),对于 $f' \in M_n^*(X, x_1)$ 与 σ,存在 $f \in M_n^*(X, x_0)$ 及连接 f 到 f' 的同伦

$$F : S^n \times I \to X,$$

使得

$$F(p_0, t) = \sigma(t), \quad t \in I.$$

于是,令

$$\alpha = \xi_*(\alpha') = [f] \in \pi_n(X, x_0),$$

得到单值对应

$$\xi_* : \pi_n(X, x_1) \to \pi_n(X, x_0).$$

即 $\xi_*(\alpha')$ 仅与 α', ξ 有关,而与代表映射 f', σ 的选取无关(根据引理 1.2.6 结论(4)).

进一步,还有:

定理 1.2.4 设 X 为道路连通空间,对任意

$$x_0, x_1 \in X, \quad \xi \in \pi(X, x_0, x_1),$$

按定义 1.2.1,有

$$\xi_* : \pi_n(X, x_1) \approx \pi_n(X, x_0).$$

作为不依赖于基点的抽象群 $\pi_n(X), n \geqslant 1$,称为 X 的 n 维同伦群.

证明 由引理 1.2.6 得到 ξ_* 的在上性.

仿照引理 1.2.6(4)得到 ξ_* 的一一对应性.

ξ_* 是群同态. 设

$$\alpha_i' = [f_i'] \in \pi_n(X, x_1),$$
$$\xi_*(\alpha_i') = [f_i],$$
$$\xi = [\sigma]$$

及连接 f_i 到 f_i' 的同伦

$$F_i:S^n \times I \to X, \quad F_i(p_0,t) = \sigma(t), \quad t \in I,$$

其中 $i = 1,2$.

取

$$\tau_1 - \tau_2 \simeq I_{S^n}:(S^n,p_0) \to (S^n,p_0),$$

使得

$$\tau_1(S^n_-) = p_0 = \tau_2(S^n_+) \quad (见引理 1.2.3).$$

令 $F:S^n \times I \to X$ 是由式

$$F(u,t) = \begin{cases} F_1(\tau_1(u),t), & u \in S^n_+, \ t \in I, \\ F_2(\tau_2(u),t), & u \in S^n_-, \ t \in I \end{cases}$$

给出的连续映射,它是连接 $f_1\tau_1 + f_2\tau_2$ 至 $f_1'\tau_1 + f_2'\tau_2$ 的同伦,且

$$F(p_0,t) = \sigma(t), \quad t \in I.$$

因此,有

$$\xi_*(\alpha_1' + \alpha_2') = \xi_*[f_1'\tau_1 + f_2'\tau_2] = [f_1\tau_1 + f_2\tau_2]$$
$$= [f_1\tau_1] + [f_2\tau_2] = \xi_*(\alpha_1') + \xi_*(\alpha_2').$$

根据定义 1.2.1,有

$$\xi_*:\pi_n(X,x_1) \approx \pi_n(X,x_0).$$ $\square$

注 1.2.2 如果 X 不是道路连通的,定理 1.2.4 表明,只要 x_0 与 x_1 属于 X 的同一个道路连通分支,就有

$$\pi_n(X,x_1) \approx \pi_n(X,x_0), \quad n \geqslant 1,$$

且如果 X_0 是包含 x_0 的 X 的道路连通分支,则

$$\pi_n(X,x_0) \approx \pi_n(X_0,x_0).$$

但是,当

$$x_0 \in S^1, \quad X = S^1 \bigcup \{x_1\}, \ x_1 \in S^1$$

时,易见

$$\pi_1(X,x_1) = 0, \quad \pi_1(X,x_0) \approx \mathbf{Z} \quad (见例 2.3.2).$$

这个例子表明,当 x_0, x_1 不属于同一个道路连通分支时,其同伦群一般无什么关系可言.

定义 1.2.2 道路连通空间 X 称为 n-**单式**的,如果对于任意的 $\xi \in \pi_1(X,x_0)$, $\xi_*:\pi_n(X,x_0) \approx \pi_n(X,x_0)(n \geqslant 1)$ 是恒同同构.

在道路连通空间 X 中,n-单式的定义与基点 $x_0 \in X$ 的选取无关.事实上,因为 X 在 x_0 处是 n-单式的,所以对于 $\xi_1 \in \pi_1(X,x_1)$ 及 $a' \in \pi_n(X,x_1)$,有

$$\eta \in \pi(X,x_0,x_1),$$

使得

$$a = \eta_*(a') \in \pi_n(X, x_0)$$

及

$$\xi = \eta \cdot \xi_1 \cdot \eta^{-1} \in \pi_1(X, x_0).$$

因此

$$\eta_*(\xi_{1*}(a')) = (\eta \cdot \xi_1 \cdot \eta^{-1})_*(\eta_*(a')) = \xi_*(\eta_*(a')) = \eta_*(a').$$

因为 η_* 为同构,故

$$\xi_{1*}(a') = a',$$

即 X 在 x_1 处也是 n-单式的.

例 1.2.1 道路连通空间 X 称为**单连通**的,如果 $\pi_1(X)$ 为单位元群(亦记作 $\pi_1(X) = 0$).显然,根据定义 1.2.2,单连通空间 X 是 n-单式的,$n \geqslant 1$.

例 1.2.2 设道路连通空间 X,根据定义 1.2.2,若

$$\pi_n(X, x_0) = 0,$$

则 X 是 n-单式的.

定理 1.2.5 道路连通空间 X 是 1-单式的 $\Leftrightarrow \pi_1(X, x_0)$ 为交换群.

证明 X 是 1-单式的,当且仅当对任意 $\xi, \eta \in \pi_1(X, x_0)$,有

$$\xi_*(\eta) = \eta,$$

即

$$\xi \circ \eta \circ \xi^{-1} = \eta.$$

(参阅文献[1]22 页.)换言之

$$\xi \circ \eta = \eta \circ \xi,$$

即 $\pi_1(X, x_0)$ 为交换群. □

定理 1.2.6 道路连通空间 X 是 n-单式的 $\Leftrightarrow$ 对任意 $x_0, x_1 \in X$ 及 $\xi, \xi' \in \pi(X, x_0, x_1)$,有

$$\xi_* = \xi'_* : \pi_n(X, x_1) \approx \pi_n(X, x_0).$$

证明 ($\Rightarrow$)设

$$a' \in \pi_n(X, x_1).$$

因为

$$\xi^{-1} \circ \xi' \in \pi_1(X, x_1),$$

所以

$$(\xi^{-1} \circ \xi')_*(a') = a',$$

故

$$\xi_*(a') = \xi_*((\xi^{-1} \circ \xi')_*(a')) = (\xi \circ \xi^{-1} \circ \xi')_*(a') = \xi'_*(a'),$$

即

$$\xi_* = \xi'_*.$$

($\Leftarrow$)取 $x_1 = x_0$，$\xi' = l \in \pi(X, x_0, x_0)$ 为单位元. 按照假设及文献[1]中的定理 4.5，可知 ξ_* 是 $\pi_n(X, x_0)$ 上的恒同同构，即 X 为 n-单式的. $\qquad\square$

定理 1. 2. 7 道路连通空间 X 是 n-单式的 $\Leftrightarrow$ 对 $\forall x_0 \in X$ 及

$$f \simeq g : S^n \to X, \quad f(p_0) = x_0 = g(p_0),$$

有

$$f \simeq g : (S^n, p_0) \to (X, x_0).$$

证明 （$\Rightarrow$）设 $F : S^n \times I \to X$ 是连接 f 到 g 的同伦. 记

$$\sigma : (I, \{0\}, \{1\}) \to (X, x_0, x_0),$$

使得

$$\sigma(t) = F(p_0, t), \quad t \in I$$

及

$$\xi = [\sigma] \in \pi_1(X, x_0).$$

因 X 是 n-单式的，故

$$[g] = \xi_*[g] = [f],$$

即

$$f \simeq g : (S^n, p_0) \to (X, x_0).$$

（$\Leftarrow$）对

$$\xi \in \pi_1(X, x_0), \quad a = [g] \in \pi_n(X, x_0),$$

记

$$\xi_*(a) = [f],$$

即有

$$f \simeq g : (S^n, p_0) \to (X, x_0).$$

按照假设 $[f] = [g]$，可知

$$\xi_*(a) = a,$$

即 X 是 n-单式的. $\qquad\square$

推论 1. 2. 1 设道路连通空间 X 是 n-单式的，则对 $\forall x_0 \in X$，连续映射 $f' : S^n \to X$ 总决定 $\pi_n(X, x_0)$ 中唯一的元素 $a = [f]$，使得

$$f \simeq f' : S^n \to X.$$

证明 记

$$f'(\varphi_0) = x_1,$$

由定理 1.2.7 的必要性知，如此的 $a = [f]$ 是存在的. 至于唯一性，由定理 1.2.7 知其是显

然成立的. □

注 1.2.3 推论 1.2.1 表明:在 n-单式空间 X 中,连续映射 $S^n \to X$ 的自由同伦类集合与相对于基点的同伦类集合 $\pi_n(X, x_0)$ 是一一对应的.

例 1.2.3 (1) $S^m (m > 1)$ 是单连通的(参阅文献[3]定理 3.2.5、定理 3.5.3、例 3.5.5、例 3.5.10),即

$$\pi_1(S^m, p_0) = 0.$$

直接证明如下:

事实上,对

$$f : (S^1, p_0) \to (S^m, p_0),$$

利用单纯逼近法(见文献[3]第 4 章第 5 节),有单纯映射

$$f' : (S^1, p_0) \to (S^m, p_0),$$

使

$$f \simeq f' : (S^1, p_0) \to (S^m, p_0).$$

而由于

$$f'(S^1) \subset S^m - \{x_0\}, \quad x_0 \in S^m, \, x_0 \neq p_0$$

及 $S^m - \{x_0\}$ 与可缩空间 $\mathbf{R}^m$ 同胚,故

$$f \simeq c : (S^1, p_0) \to (S^m, p_0).$$

(2) 由文献[5]例 3.5.1 知

$$\pi_1(S^1, p_0) \approx Z \quad (\text{无限循环群}),$$

其中

$$p_0 = (1, 0) \in S^1,$$

它表明 S^1 不是单连通的空间.

证明 设 $p_0 = (1, 0) \in S^1$ 为基点. 考虑覆叠投影

$$p : \mathbf{R} \to S^1, \quad p(t) = e^{2\pi i t} \text{ 或}(\cos 2\pi t, \sin 2\pi t).$$

对 $\forall [\alpha] \in \pi(S^1, p_0)$,即 α 是以 p_0 为基点的任一闭道路,令 $\tilde{\alpha}$ 为 α 在覆叠空间 $\mathbf{R}$ 中以 $0 \in p^{-1}(p_0)$ 为起点的一个提升,则

$$\tilde{\alpha}(1) \in p^{-1}(p_0),$$

即

$$\tilde{\alpha}(1) = n \in \mathbf{Z}.$$

由文献[5]定理 3.4.4 知,这个整数只依赖于 α 的道路同伦类. 因此,我们可以定义

$$\phi : \pi_1(S^1, p_0) \to \mathbf{Z},$$

$$\phi([\alpha]) = \tilde{\alpha}(1) = n.$$

下证 ϕ 为一个群同构,从而

$$\pi_1(S^1, p_0) \cong \mathbf{Z}.$$

记 $\phi = \deg$, $\phi([\alpha]) = \deg([\alpha])$ 称为 $[\alpha]$ 的**度数**,它是 S^1 的闭道路绕 S^1 的圈数.

映射 ϕ 为满射.对 $\forall n \in p^{-1}(p_0)$,由于 $\mathbf{R}$ 是道路连通的,选取 $\mathbf{R}$ 中从 0 到 n 的一条道路 $\tilde{\alpha}:[0,1] \to \mathbf{R}$,定义 $\alpha = p \circ \tilde{\alpha}$,则 $[\alpha] \in \pi_1(S^1, p_0)$ 是 S^1 中以 p_0 为基点的一条闭道路,并且 $\tilde{\alpha}$ 是 α 在 $\mathbf{R}$ 中以 0 为起点的一个提升.根据 ϕ 的定义,有

$$\phi([\alpha]) = \tilde{\alpha}(1) = n,$$

这就证明了 ϕ 为满射.

映射 ϕ 为单射.设

$$\phi([\alpha]) = n = \phi([\beta]),$$

$\tilde{\alpha}$ 与 $\tilde{\beta}$ 分别是 α 与 β 在 $\mathbf{R}$ 中以 0 为起点的提升.由假设知 $\tilde{\alpha}$ 与 $\tilde{\beta}$ 的终点都为 n.因为 $\mathbf{R}$ 是单连通的或 $\mathbf{R}$ 为凸集,所以 $\tilde{\alpha}$ 与 $\tilde{\beta}$ 是道路同伦的,即

$$\tilde{\alpha} \underset{p}{\overset{\tilde{F}}{\simeq}} \tilde{\beta}.$$

则 $F = p \circ \tilde{F}$ 是 α 与 β 之间的一个道路同伦,即 $\alpha \overset{F}{\simeq} \beta$ 或 $[\alpha] = [\beta]$.这就证明了 ϕ 为单射.

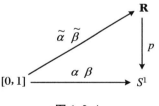

图 1.2.4

映射 ϕ 为同态.设 α, β 是 S^1 中以 0 为基点的两条闭道路,$\tilde{\alpha}, \tilde{\beta}$ 分别是 α, β 在 $\mathbf{R}$ 中以 0 为起点的提升(见图 1.2.4).在 $\mathbf{R}$ 中定义一条以 0 为起点的道路 $\tilde{\gamma}$,使得

$$\tilde{\gamma}(s) = \begin{cases} \tilde{\alpha}(2s), & s \in \left[0, \dfrac{1}{2}\right], \\ \tilde{\alpha}(1) + \tilde{\beta}(2s-1), & s \in \left[\dfrac{1}{2}, 1\right]. \end{cases}$$

容易看出 $\tilde{\gamma}$ 是在 $\mathbf{R}$ 中以 0 为起点的道路.下面证明 $\tilde{\gamma}$ 为 $\alpha * \beta$ 在 $\mathbf{R}$ 中的提升.因为

$$p \circ \tilde{r}(s) = p(\tilde{r}(s)) = \begin{cases} p(\tilde{\alpha}(2s)), & s \in \left[0, \dfrac{1}{2}\right], \\ p(\tilde{\alpha}(1) + \tilde{\beta}(2s-1)), & s \in \left[\dfrac{1}{2}, 1\right] \end{cases}$$

$$= \begin{cases} \alpha(2s), & s \in \left[0, \dfrac{1}{2}\right], \\ p(\tilde{\beta}(2s-1)), & s \in \left[\dfrac{1}{2}, 1\right] \end{cases} = \begin{cases} \alpha(2s), & s \in \left[0, \dfrac{1}{2}\right], \\ \beta(2s-1), & s \in \left[\dfrac{1}{2}, 1\right] \end{cases}$$

$$= \alpha * \beta(s),$$

所以

$$p \circ \widetilde{\gamma} = \alpha * \beta,$$

即 $\widetilde{\gamma}$ 是 $\alpha * \beta$ 在 $\mathbf{R}$ 中以 0 为起点的提升.

根据定义(见图 1.2.5),有

$$\phi([\alpha] * [\beta]) = \phi([\alpha * \beta]) = \widetilde{r}(1)$$

$$= \widetilde{\alpha}(1) + \widetilde{\beta}(1) = \phi([\alpha]) + \phi([\beta]),$$

即 ϕ 为同态.

综上所述,ϕ 为同构.

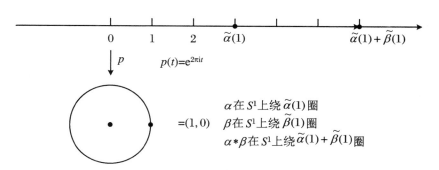

图 1.2.5

第 2 章

同伦群的伦型不变性、正合同伦序列

2.1 相对同伦群

相对同伦群

设 A 为拓扑空间 X 的子空间，$x_0 \in A$. 按 1.1 节，对 $n \geqslant 1$，有同伦群 $\pi_n(X, x_0)$ 与 $\pi_n(A, x_0)$. 类似 1.1 节，我们将引入相对同伦群的定义、交替描述以及基点的作用. 相对同伦群的系统综合描述，最初见于 1947 年胡世桢的文章.

记

$$I^{n-1} = \{(t_1, t_2, \cdots, t_n) \in I^n \mid t_n = 0\} \subset \partial I^n$$

为 I^n 的一个面，$n \geqslant 2$；

$$J^{n-1} = \overline{\partial I^n - I^{n-1}}.$$

易见

$$\partial I^n = I^{n-1} \bigcup J^{n-1}, \quad \partial I^{n-1} = I^{n-1} \bigcap J^{n-1}.$$

定义 2.1.1 设 (X, A) 为拓扑空间偶，

$$x_0 \in A, \quad n \geqslant 2.$$

令

$$M_n(X, A, x_0) = \{f \mid f: (I^n, I^{n-1}, J^{n-1}) \to (X, A, x_0) \text{ 为连续映射}\},$$

$\pi_n(X, A, x_0)$ 表示 $M_n(X, A, x_0)$ 中就映射的同伦关系

$$f \simeq g: (I^n, I^{n-1}, J^{n-1}) \to (X, A, x_0)$$

所分成的同伦类的集合. 我们在 $\pi_n(X, A, x_0)$ 中引入运算"$+$".

设

$$\alpha = [f], \beta = [g] \in \pi_n(X, A, x_0),$$

定义

$$\alpha + \beta = [f + g] \in \pi_n(X, A, x_0),$$

其中 $f + g$ 见定义 1.1.6. 易见，$\alpha + \beta$ 与 α, β 的代表映射 f, g 的选取无关.

定义 2.1.2 当 $n \geqslant 2$ 时，$\pi_n(X, A, x_0)$ 就上述运算"$+$"组成一个群，称为空间偶 (X, A) 在基点 x_0 处的**第 n 个**（或称 n 维）**相对同伦群**.

特别地，当 $A = \{x_0\}$ 时

$$\pi_n(X, A, x_0) = \pi_n(X, x_0).$$

相对同伦群的交替描述

设

$$B_+^n = \{(t_1, t_2, \cdots, t_n) \in B^n \mid t_n \geqslant 0\} \text{ 为上半（实心）球体},$$
$$B_-^n = \{(t_1, t_2, \cdots, t_n) \in B^n \mid t_n \leqslant 0\} \text{ 为下半（实心）球体}.$$

易见

$$B^n = B_+^n \bigcup B_-^n, \quad B^{n-1} = B_+^n \bigcap B_-^n.$$

当 $n \geqslant 2$ 时，存在连续映射 $\psi: I^n \to B^n$，使得：

(1) $\psi(J^{n-1}) = p_0$；

(2) ψ 将 $I^n - \partial I^n$ 同胚地映到 $B^n - S^{n-1}$ 上，将 $I^{n-1} - \partial I^{n-1}$ 同胚地映到 $S^{n-1} - \{p_0\}$ 上；

(3) $\psi(I_1^n) = B_+^n$，$\psi(I_2^n) = B_-^n$.

其中

$$I_1^n = \left\{(t_1, t_2, \cdots, t_n) \in I^n \,\middle|\, t_1 \leqslant \frac{1}{2}\right\},$$
$$I_2^n = \left\{(t_1, t_2, \cdots, t_n) \in I^n \,\middle|\, t_1 \geqslant \frac{1}{2}\right\}.$$

令

$$M_n^\#(X, A, x_0) = \{f^\# \mid f^\#: (B^n, S^{n-1}, p_0) \to (X, A, x_0) \text{ 为连续映射}\},$$

$\pi_n^\#(X, A, x_0)$ 表示 $M_n^\#(X, A, x_0)$ 中就映射的同伦关系

$$f^\# \simeq g^\#: (B^n, S^{n-1}, p_0) \to (X, A, x_0)$$

所分成的同伦类的集合.

设

$$\psi: M_n^\#(X, A, x_0) \to M_n(X, A, x_0)$$

为单值对应，使得对于

$$f^\# \in M_n^\#(X, A, x_0),$$

有

$$\psi(f^\#) = f^\# \psi \in M_n(X, A, x_0),$$

则 ψ 为一一对应，且导出一一对应

$$\psi_\# : \pi_n^\#(X,A,x_0) \to \pi_n(X,A,x_0), \quad n \geqslant 2,$$

使得对于

$$\alpha' = [f^\#] \in \pi_n^\#(X,A,x_0),$$

有

$$\psi_\#(\alpha') = [f^\# \psi].$$

定义 2.1.3 设 $[f^\#], [g^\#] \in \pi_n^\#(X,A,x_0)$，且

$$f^\#(B_-^n) = x_0 = g^\#(B_+^n), \quad n \geqslant 2.$$

令

$$f^\# + g^\# = h^\# \in M_n^\#(X,A,x_0),$$

使得

$$h^\#(u) = \begin{cases} f^\#(u), & u \in B_+^n, \\ g^\#(u), & u \in B_-^n. \end{cases}$$

于是，我们定义

$$[f^\#] + [g^\#] = [h^\#] \in \pi_n^\#(X,A,x_0).$$

上述性质的代表映射 $f^\#$ 与 $g^\#$ 是存在的.因为,如

$$\alpha = \psi_\#(\alpha'), \quad \beta = \psi_\#(\beta'),$$

仿照引理 1.2.3，α 与 β 分别存在代表映射 f 与 g，使

$$f(I_2^n) = x_0 = g(I_1^n).$$

此时，与 f,g 相应的映射 $f^\#, g^\#$ 便有

$$f^\#(B_-^n) = x_0 = g^\#(B_+^n).$$

定理 2.1.1 当 $n \geqslant 2$ 时，$\pi_n^\#(X,A,x_0)$ 就上述运算"$+$"组成一个群，且

$$\psi_\# : \pi_n^\#(X,A,x_0) \approx \pi_n(X,A,x_0).$$

应用定理 1.2.1 中的旋转同伦 r_t，同样有：

定理 2.1.2 当 $n \geqslant 3$ 时，$\pi_n(X,A,x_0)$ 为交换群.

证明 考虑同伦

$r_t : (B^n, S^{n-1}, p_0) \to (B^n, S^{n-1}, p_0),$

$r_t(t_1,t_2,\cdots,t_n) = (t_1,t_2,\cdots,t_{n-2}, t_{n-1}\cos(t\pi) - t_n\sin(t\pi), t_{n-1}\sin(t\pi) + t_n\cos(t\pi)),$

则

$$r_t(S^{n-1}) = S^{n-1}, \quad r_1(p_0) = p_0 \quad (\text{这里需要 } n \geqslant 3),$$

且

$$r_1 \simeq r_0 = 1_{B^n}, \quad r_1(B_+^n) = B_-^n, \quad r_1(B_-^n) = B_+^n.$$

设

$$\alpha^{\#} = [f^{\#}], \quad \beta^{\#} = [g^{\#}] \in \pi_n^{\#}(X, A, x_0),$$

且

$$f^{\#}(B_-^n) = p_0 = g^{\#}(B_+^n).$$

再设

$$h^{\#}: (B^n, S^{n-1}, p_0) \to (B^n, S^{n-1}, p_0),$$

使得

$$h^{\#}(u) = \begin{cases} f^{\#}(u), & u \in B_+^n, \\ g^{\#}(u), & u \in B_-^n, \end{cases}$$

$$f^{\#} r_1 \simeq f^{\#}, \quad g^{\#} r_1 \simeq g^{\#},$$

$$h^{\#} r_1 \simeq h^{\#}: (B^n, S^{n-1}, p_0) \to (B^n, S^{n-1}, p_0),$$

且

$$g^{\#} r_1(B_-^n) = p_0 = f^{\#} r_1(B_+^n),$$

$$h^{\#} r_1 \mid_{B_+^n} = g^{\#} r_1 \mid_{B_+^n}, \quad h^{\#} r_1 \mid_{B_-^n} = f^{\#} r_1 \mid_{B_-^n},$$

故

$$\alpha^{\#} + \beta^{\#} = [h^{\#}] = [h^{\#} r_1] = \beta^{\#} + \alpha^{\#}. \qquad \square$$

定义 2.1.4 设 (X, A) 是道路连通的(即 X 与 A 均是道路连通的). $x_0, x_1 \in A$, 任给

$$\alpha' = [f'] \in \pi_n(X, A, x_1),$$

其中

$$f' \in M_n^*(X, A, x_1)$$

及

$$\xi = [\sigma] \in \pi(A, x_0, x_1).$$

由于存在连续映射

$$F: (B^n \times I, S^{n-1} \times I) \to (X, A),$$

使

$$F \mid_{B^n \times \{1\}} = f', \quad F(p_0, t) = \sigma(t), \ t \in I.$$

我们定义

$$\xi_*(\alpha') = \alpha = [f] \in \pi_n(X, A, x_0),$$

其中

$$f = F \mid_{B^n \times \{0\}}.$$

事实上,运用同伦扩张性质(定理 1.2.3),有同伦

$$H: S^{n-1} \times I \to A,$$

使
$$H\mid_{S^{n-1}\times\{1\}} = f'\mid_{S^{n-1}}, \quad H(p_0,t) = \sigma(t), \ t \in I.$$
再用同伦扩张性质,即有上述的同伦 F(取$\mid K\mid = B^n \times I$,$\mid L\mid = B^n \times \{1\}\bigcup S^{n-1}\times I$,$H$为部分同伦).

易见,$\alpha = \xi(\alpha')$仅与同伦类 α' 和 ξ 有关,与其代表映射 f' 和 σ 的选取无关. 于是,得到单值对应
$$\xi_* : \pi_n(X,A,x_1) \to \pi_n(X,A,x_0).$$
同样地,重复应用定理 1.2.3 可以证明下述定理.

定理 2.1.3 设(X,A)是道路连通的,对 $\forall x_0, x_1 \in A$,给定
$$\xi \in \pi(A,x_0,x_1),$$
有
$$\xi_* : \pi_n(X,A,x_0) \approx \pi_n(X,A,x_1), \quad n \geqslant 2.$$

定理 2.1.4 基本群 $\pi_1(A,x_0)$是相对同伦群 $\pi_n(X,A,x_0)$,$n \geqslant 2$ 上的运算群.

定义 2.1.5 道路连通空间偶(X,A)称为 n-**单式**的,如果对 $\forall \xi \in \pi_1(A,x_0)$,
$$\xi_* : \pi_n(X,A,x_0) \approx \pi_n(X,A,x_0)$$
均为恒同同构.

n-单式这个概念与基点 $x_0 \in A$ 的选取无关.

定理 2.1.5 道路连通的空间偶(X,A)为 n-单式的$\Leftrightarrow$对 $\forall x_0 \in A$,如果
$$f \simeq g : (B^n,S^{n-1}) \to (X,A), \quad f(p_0) = x_0 = g(p_0),$$
则
$$f \simeq g : (B^n,S^{n-1},p_0) \to (X,A,x_0).$$

推论 2.1.1 设(X,A)是 n-单式的,则对 $\forall x_0 \in A$,连续映射
$$f' : (B^n,S^{n-1}) \to (X,A)$$
总决定 $\pi_n(X,A,x_0)$中唯一的元素
$$\alpha = [f],$$
使
$$f \simeq f' : (B^n,S^{n-1}) \to (X,A).$$

定义 2.1.6 对道路连通空间偶(X,A),作为不依赖于基点 $x_0 \in A$ 的抽象群 $\pi_n(X,A)$,$n \geqslant 2$,称为空间偶(X,A)的 n **维相对同伦群**.

同伦群(包括相对同伦群)这一代数对象在拓扑学中占有重要地位的一个原因是,它是拓扑空间(空间偶)的拓扑性质,即同胚的空间(空间偶)具有同构的各维同伦群(相对同伦群).事实上,与多面体的同调群等一样,它也是伦型不变量.

定义 2.1.7(讨论的空间与空间偶都是道路连通的) 空间偶(X,A)与(Y,B)称为**同伦等价**(**具有相同的伦型**)的,如果存在连续映射

$$\chi:(X,A)\to(Y,B)$$

及

$$\theta:(Y,B)\to(X,A),$$

使

$$\theta\chi\simeq 1_{(X,A)}:(X,A)\to(X,A)$$

及

$$\chi\theta\simeq 1_{(Y,B)}:(Y,B)\to(Y,B),$$

其中$1_{(X,A)},1_{(Y,B)}$分别是(X,A)与(Y,B)上的恒同映射. 此时,χ 称为从(X,A)到(Y,B) 的一个**同伦等价**(**映射**),θ 称为 χ 的一个**同伦逆**,并记

$$\chi:(X,A)\simeq(Y,B).$$

易见,空间偶的同伦等价是一种等价关系.

定义 2.1.8 设 $\chi:(X,A)\to(Y,B)$为连续映射,

$$x_0\in A,\quad y_0=\chi(x_0)\in B.$$

对

$$\alpha=[f]\in\pi_n(X,A,x_0),\quad f:(B^n,S^{n-1},p_0)\to(X,A,x_0),$$

令

$$\chi_*(\alpha)=[\chi f]\in\pi(Y,B,y_0),$$

则定义了同态

$$\chi_*:\pi_n(X,A,x_0)\to\pi_n(Y,B,y_0),\quad n\geqslant 2.$$

事实上:

(1) χ_* 的定义与 α 的代表映射 f 的选取无关.

(2) 对

$$\alpha=[f^{\#}]$$

与

$$\beta=[g^{\#}]\in\pi_n(X,A,x_0),\quad f^{\#}(B^n_-)=x_0=g^{\#}(B^n_-),$$

有

$$\chi_*(\alpha+\beta)=\chi_*[f^{\#}+g^{\#}]=[\chi(f^{\#}+g^{\#})]$$
$$=[\chi f^{\#}+\chi g^{\#}]=\chi_*(\alpha)+\chi_*(\beta).$$

进而,有:

定理 2.1.6 设

$$\chi:(X,A)\to(Y,B), \quad \theta:(Y,B)\to(Z,C)$$

为两个连续映射,

$$x_0\in A, \quad y_0=\chi(x_0), \quad z_0=\theta(y_0),$$

则

$$(\theta\chi)_*=\theta_*\chi_*:\pi_n(X,A,x_0)\to\pi_n(Z,C,z_0), \quad n\geqslant 2.$$

证明 由定义 2.1.8 知

$$(\theta\chi)_*(\alpha)=[\theta\chi f]=\theta_*[\chi f]=\theta_*\chi_*[f]=\theta_*\chi_*(\alpha),$$

$$(\theta\chi)_*=\theta_*\chi_*.$$

□

定理 2.1.7 设

$$\chi\simeq\chi':(X,A)\to(Y,B), \quad x_0\in A, \quad y_0=\chi(x_0), \quad y_0'=\chi'(x_0),$$

则有

$$\xi\in\pi(B,y_0,y_0'),$$

使得

$$\xi_*\chi_*'=\chi_*:\pi_n(X,A,x_0)\to\pi_n(Y,B,y_0), \quad n\geqslant 2,$$

其中 ξ_* 见定理 2.1.3.

证明 记

$$F:(X\times I,A\times I)\to(Y,B)$$

是从 χ 到 χ' 的同伦.令

$$\sigma:(I,\{0\},\{1\})\to(Y,y_0,y_0'),$$

使得

$$\sigma(t)=F(x_0,t), \quad t\in I.$$

由

$$\alpha=[f]\in\pi_n(X,A,x_0),$$
$$f:(B^n,S^{n-1},p_0)\to(X,A,x_0)$$

知

$$\chi_*(\alpha)=[\chi f], \quad \chi_*'(\alpha)=[\chi'f].$$

令

$$H:(B^n\times I,S^{n-1}\times I)\to(Y,B)$$

为连续映射,由

$$H(u,t)=F(f(u),t), \quad u\in B^n, t\in I$$

知 H 是连接 χf 到 $\chi'f$ 的同伦,且

$$H(p_0,t)=\sigma(t), \quad t\in I.$$

由定义 2.1.8,得

$$\chi_*(\alpha) = \xi_*(\chi'_*(\alpha)) = (\xi_* \chi'_*)(\alpha),$$

$$\xi_* \chi'_* = \chi_*.$$ □

推论 2.1.2 设

$$\chi \simeq \chi' : (X, A, x_0) \to (Y, B, y_0),$$

则

$$\chi_* = \chi'_* : \pi_n(X, A, x_0) \to \pi_n(Y, B, y_0), \quad n \geqslant 2.$$

证明 此时 $\sigma : (I, \partial I) \to (Y, y_0)$ 为常值映射,故 $\xi = [\sigma] \in \pi_1(Y, y_0)$ 为其单位元, ξ_* 为恒同同构,于是

$$\chi_* = \xi_* \chi'_* = \chi'_*.$$ □

定理 2.1.8 设 $\chi : (X, A) \to (Y, B)$ 为同伦等价映射,则

$$\chi_* : \pi_n(X, A, x_0) \approx \pi_n(Y, B, y_0), \quad n \geqslant 2, x_0 \in A, y_0 = \chi(x_0).$$

证明 设 $\theta : (Y, B) \to (X, A)$ 为 χ 的同伦逆.

$$\theta \chi = 1_{(X, A)} : (X, A) \to (X, A),$$

$$\chi \theta = 1_{(Y, B)} : (Y, B) \to (Y, B),$$

记

$$x'_0 = (\theta \chi)(x_0) = \theta(y_0), \quad y'_0 = (\chi \theta)(y_0) = \chi(x'_0).$$

根据定理 2.1.7,有

$$\xi \in \pi(A, x_0, x'_0), \quad \eta \in \pi(B, y_0, y'_0),$$

使得

$$(\theta \chi)_* = \xi_* \circ 1_{(X, A)*}, \quad (\chi' \theta)_* = \eta_* \circ 1_{(Y, B)*},$$

其中 $1_{(X, A)*}, 1_{(Y, B)*}$ 为恒同同构.

于是

$$\begin{cases} \theta_* \chi_* = (\theta \chi)_* : \pi_n(X, A, x_0) \approx \pi_n(X, A, x'_0), \\ \chi'_* \theta_* = (\chi \theta)_* : \pi_n(Y, B, y_0) \approx \pi_n(Y, B, y'_0), \end{cases} \quad n \geqslant 2,$$

这里

$$\chi'_* : \pi_n(X, A, x'_0) \to \pi_n(Y, B, y'_0), \quad n \geqslant 2$$

是 χ 导出的同态.故

$$\theta_* : \pi_n(Y, B, y_0) \approx \pi_n(X, A, x'_0).$$

因之亦有

$$\chi_* : \pi_n(X, A, x_0) \approx \pi_n(Y, B, y_0), \quad n \geqslant 2.$$ □

以上是空间偶的结论,与此类似,有:

定义 2.1.9 设 $\chi: X \to Y$ 为连续映射,

$$x_0 \in X, \quad y_0 = \chi(x_0),$$

对

$$\alpha = [f] \in \pi_n(X, x_0), \quad f:(S^n, p_0) \to (X, x_0),$$

令

$$\chi_*(\alpha) = [\chi f] \in \pi_n(Y, y_0),$$

则可以定义同态

$$\chi_*: \pi_n(X, x_0) \to \pi_n(Y, y_0), \quad n \geqslant 1.$$

定理 2.1.9 设 $\chi: X \to Y, \theta: Y \to Z$ 为两个连续映射,

$$x_0 \in A, \quad y_0 = \chi(x_0), \quad z_0 = \theta(y_0),$$

则

$$(\theta\chi)_* = \theta_* \chi_*: \pi_n(X, x_0) \to \pi_n(Z, z_0), \quad n \geqslant 1.$$

定理 2.1.10 设

$$\chi \simeq \chi': X \to Y, \quad x_0 \in A, \quad y_0 = \chi(x_0), \quad y_0' = \chi'(x_0),$$

则有

$$\xi \in \pi(Y, y_0, y_0'),$$

使

$$\xi_* \chi'_* = \chi_*: \pi_n(X, x_0) \to \pi_n(Y, y_0), \quad n \geqslant 1.$$

推论 2.1.3 设

$$\chi \simeq \chi':(X, x_0) \to (Y, y_0),$$

则

$$\chi_* = \chi'_*: \pi_n(X, x_0) \to \pi_n(Y, y_0), \quad n \geqslant 1.$$

定理 2.1.11 设 $\chi: X \to Y$ 为同伦等价映射,

$$x_0 \in X, \quad y_0 = \chi(x_0),$$

则

$$\chi_*: \pi_n(X, x_0) \approx \pi_n(Y, y_0), \quad n \geqslant 1.$$

2.2 正合同伦序列

正合同伦序列

由同伦群 $\pi_n(X), \pi_n(A)$ 及相对同伦群 $\pi_n(X, A), n \geqslant 2$ 组成的正合同伦序列是空

间偶(X,A)的基本性质之一. 在同伦群的计算和论证中, 正合同伦序列与正合同调序列在同调群的计算和论证中同等重要.

定理 2.2.1 设空间偶(X,A)与(Y,B)是道路连通的, $\chi:(X,A)\to(Y,B)$为连续映射, $x_0\in A$, $y_0=\chi(x_0)$, 则 χ 导出(X,A)与(Y,B)的同伦序列间的同态, 且下列图表横行正合, 方块可交换:

$$\cdots\xrightarrow{\partial_*}\pi_n(A,x_0)\xrightarrow{i_*}\pi_n(X,x_0)\xrightarrow{j_*}\pi_n(X,A,x_0)\xrightarrow{\partial_*}\pi_{n-1}(A,x_0)\xrightarrow{i_*}\cdots\to\pi_1(X,x_0)$$

$$\downarrow\chi_*\qquad\quad\downarrow\chi_*\qquad\quad\downarrow\chi_*\qquad\quad\downarrow\chi_*\qquad\quad\downarrow\chi_*$$

$$\cdots\xrightarrow{\partial_*'}\pi_n(B,y_0)\xrightarrow{i_*'}\pi_n(Y,y_0)\xrightarrow{j_*'}\pi_n(Y,B,y_0)\xrightarrow{\partial_*'}\pi_{n-1}(B,y_0)\xrightarrow{i_*'}\cdots\to\pi_1(Y,y_0),$$

$n>1$.

上面图表中:

$i:(A,x_0)\to(X,x_0)$为包含映射, $n\geqslant1$. 导出同态 $i_*:\pi_n(A,x_0)\to\pi_n(X,x_0)$, $n\geqslant1$.

$j:(X,x_0)\to(X,A)$为包含映射. 导出同态 $j_*:\pi_n(X,x_0)\to\pi_n(X,A,x_0)$, $n\geqslant2$. 当 $n=1$ 时, j_* 为单值对应.

对

$$\alpha=[f]\in\pi_n(X,A,x_0),\quad n\geqslant2,$$
$$f:(B^n,S^{n-1},p_0)\to(X,A,x_0),$$

有

$$\partial_*(\alpha)=[f|_{S^{n-1}}]\in\pi_{n-1}(A,x_0).$$

易见, $\partial_*(\alpha)$与 α 的代表映射f的选取无关, 且$\partial_*:\pi_n(X,A,x_0)\to\pi_{n-1}(A,x_0)$, $n\geqslant2$为同态.

证明 (1) 同伦序列在 $\pi_n(A,x_0)$, $n\geqslant1$ 处的正合性.

任取

$$f:(S^n,p_0)\to(A,x_0),$$

即

$$[f]\in\pi_n(A,x_0),$$

我们有

$[f]\in\mathrm{Im}(\partial_*:\pi_{n+1}(X,A,x_0)\to\pi_n(A,x_0))$

$\Leftrightarrow$ 存在连续映射 $f_1:(B^{n+1},S^n,x_0)\to(X,A,x_0)$, 使得 $f\simeq f_1|_{S^n}$ （见 ∂_* 的定义）

$\Leftrightarrow f\simeq f_1|_{S^n}$, 且 $f_1|_{S^n}\simeq c:(S^n,p_0)\to(X,x_0)$

（因为 $f_1|_{S^n}$ 可扩张为$f_1:B^{n+1}\to X$, 这里用到了定理 1.2.3）

$$\Leftrightarrow [i \circ f] = 0 \in \pi_n(X, x_0)$$

$$\Leftrightarrow i_*([f]) = 0 \in \pi_n(X, x_0) \quad (\text{用 } i_* \text{ 的定义}, [f] \in \pi_n(A, x_0))$$

$$\Leftrightarrow [f] \in \mathrm{Ker}(i_* : \pi_n(A, x_0) \to \pi_n(X, x_0)),$$

所以

$$\mathrm{Im}\,\partial_* = \mathrm{Ker}\,i_*,$$

即同伦序列在 $\pi_n(A, x_0)$ 处是正合的.

(2) 同伦序列在 $\pi_n(X, x_0)$ 处的正合性.

设

$$a = [f] \in \pi_n(X, x_0),$$

其中

$$f : (B^n, S^{n-1}) \to (X, x_0),$$

则我们有

$$a = [f] \in \mathrm{Ker}\,j_*$$

$$\Leftrightarrow [j \circ f] = j_*[f] = j_*(a) = 0 \in \pi_n(X, A, x_0)$$

$$\Leftrightarrow j \circ f \simeq c : (B^n, S^{n-1}, p_0) \to (X, A, x_0)$$

$$\Leftrightarrow f \simeq f' : (B^n, S^{n-1}) \to (X, x_0) \quad (\text{这里用到了定理 1.2.3, 其中 } f'(B^n) \subset A)$$

$$\Leftrightarrow f \simeq f' : (B^n, S^{n-1}) \to (X, x_0) \text{ 且 } f' : (B^n, S^{n-1}) \underset{f_1'}{\to} (A, x_0) \overset{i}{\hookrightarrow} (X, x_0)$$

$$\Leftrightarrow f \simeq f' : (B^n, S^{n-1}) \to (X, x_0) \text{ 且 } f' = i \circ f_1', f_1' : (B^n, S^{n-1}) \to (A, x_0)$$

$$\Leftrightarrow [f] = i_*([f_1']) \in \mathrm{Im}\,i_*,$$

所以

$$\mathrm{Im}\,i_* = \mathrm{Ker}\,j_*,$$

即同伦序列在 $\pi_n(X, x_0)$ 处是正合的.

(3) 同伦序列在 $\pi_n(X, A, x_0)$ 处的正合性.

当 $n \geqslant 2$ 时,设

$$\alpha = [f] \in \pi_n(X, A, x_0),$$
$$f : (B^n, S^{n-1}, p_0) \to (X, A, x_0),$$

如果

$$[f|_{S^{n-1}}] = \partial_*(\alpha) = 0,$$

即

$$f|_{S^{n-1}} \simeq c : (S^{n-1}, p_0) \to (A, x_0),$$

由同伦扩张性质, c 有扩张映射 g, 使

$$f \simeq g : (B^n, S^{n-1}, p_0) \to (X, A, x_0),$$

而

$$g(S^{n-1}) = x_0,$$

故

$$\alpha = [f] = j_*[g], \quad [g] \in \pi_n(X, x_0).$$

反之,如果

$$\alpha = j_*(\beta), \quad \beta = [g] \in \pi_n(X, x_0), \quad g:(B^n, S^{n-1}) \to (X, x_0),$$

则有

$$\partial_*(\alpha) = \partial_* j_*(\beta) = \partial_*(g \mid_{S^{n-1}}) = [c] = 0 \in \pi_{n-1}(A, x_0).$$

当 $n = 1$ 时,因 A 是道路连通的,易见

$$j_* \pi_1(X, x_0) = \pi_1(X, A, x_0).$$ □

例 2.2.1 因为 $B^m, m \geqslant 1$ 为可缩空间,所以

$$\pi_n(B^m) = 0, \quad n \geqslant 1.$$

由 (B^m, S^{m-1}) 同伦序列的正合性知

$$\pi_n(B^m, S^{m-1}) \simeq \pi_{n-1}(S^{m-1}).$$

定理 2.2.2 设空间偶 (X, A) 与 (Y, B) 是道路连通的, $\chi:(X, A) \to (Y, B)$ 为连续映射, $x_0 \in A, y_0 = \chi(x_0)$, 则 χ 导出 (X, A) 与 (Y, B) 的同伦序列间的同态, 即下述图表是可交换的:

$$\cdots \xrightarrow{\partial_*} \pi_n(A, x_0) \xrightarrow{i_*} \pi_n(X, x_0) \xrightarrow{j_*} \pi_n(X, A, x_0) \xrightarrow{\partial_*} \pi_{n-1}(A, x_0) \xrightarrow{i_*} \cdots \to \pi_1(X, x_0)$$
$$\downarrow{\chi_*} \qquad\qquad \downarrow{\chi_*} \qquad\qquad \downarrow{\chi_*} \qquad\qquad \downarrow{\chi_*} \qquad\qquad \downarrow{\chi_*}$$
$$\cdots \xrightarrow{\partial'_*} \pi_n(B, y_0) \xrightarrow{i'_*} \pi_n(Y, y_0) \xrightarrow{j'_*} \pi_n(Y, B, y_0) \xrightarrow{\partial'_*} \pi_{n-1}(B, y_0) \xrightarrow{i'_*} \cdots \to \pi_1(Y, y_0)$$

$n > 1.$

证明 (1) 根据定义,有交换图表:

$$\begin{array}{ccc} (A, x_0) & \xhookrightarrow{i} & (X, x_0) \\ \downarrow{\chi} & & \downarrow{\chi} \\ (B, y_0) & \xhookrightarrow{j'} & (Y, y_0), \end{array}$$

因此,对

$$\forall a = [f] \in \pi_n(A, x_0),$$

其中

$$f:(S^n, p_0) \to (A, x_0),$$

有

$$\chi \circ i \circ f = i' \circ \chi \circ f$$
$$\Rightarrow \chi_* \circ i_*(a) = i'_* \circ \chi_*(a)$$
$$\Rightarrow \chi_* \circ i_* = i'_* \circ \chi_*.$$

(2) 跟(1)一样，只要使用交换图表：

$$(X,x_0,x_0) \overset{j}{\hookrightarrow} (X,A,x_0)$$
$$\downarrow \chi \qquad\qquad \downarrow \chi$$
$$(Y,y_0,y_0) \overset{j'}{\hookrightarrow} (Y,B,y_0).$$

(3) 注意到下面图表

$$(B^n,S^{n-1},p_0) \overset{f}{\longrightarrow} (X,A,x_0)$$
$$\downarrow \chi$$
$$(Y,B,y_0)$$

中有

$$(\chi \circ f)|_{S^{n-1}} = \chi \circ (f|_{S^{n-1}})$$
$$\Rightarrow \partial'_* \circ \chi_*([f]) = \chi_* \circ \partial_*([f]). \qquad \square$$

引理 2.2.1　设 $f:S^{n-1}\to X$ 为连续映射，$n>1$，则下述条件是等价的：

(1) $f\simeq c:(S^{n-1},p_0)\to(X,x_0)$，$c$ 为常值映射.

(2) $f\simeq c:S^{n-1}\to X$.

(3) f 可扩张为连续映射 $\tilde{f}:B^n\to X$.

证明　(1)$\Rightarrow$(2). 显然.

(2)$\Rightarrow$(3). 根据定理 1.2.3.

(3)$\Rightarrow$(1). 令

$$F(u,t) = \tilde{f}(tp_0 + (1-t)u), \quad u \in S^{n-1}, t \in I,$$

则

$$F:(S^n \times I,\{p_0\} \times I) \to (X,x_0)$$

是连接 f 至 c 的同伦. $\qquad \square$

引理 2.2.2　设

$$\alpha = [f] \in \pi_n(X,A,x_0),$$

且

$$f \simeq f':(B^n,S^{n-1},p_0) \to (X,A,x_0),$$

其中 $f'(B^n)\subset A$，$n\geq 1$，则 $\alpha=0$.

证明　令

$$F:(B^n, S^{n-1}, p_0) \to (X, A, x_0)$$

为连续映射，使得

$$F(u, t) = f'(tp_0 + (1 - t)u), \quad t \in I,$$

则

$$f' \simeq c:(B^n, S^{n-1}, p_0) \to (X, A, x_0),$$

故

$$\alpha = [f'] = [c] = 0.$$

引理 2.2.3 设

$$\alpha = [f] \in \pi_n(X, x_0), \quad f:(B^n, S^{n-1}) \to (X, x_0),$$

则

$$f \simeq c:(B^n, S^{n-1}, p_0) \to (X, A, x_0), \quad n \geqslant 1$$

当且仅当

$$f \simeq f':(B^n, S^{n-1}) \to (X, x_0),$$

其中 $f'(B^n) \subset A$.

证明 ($\Leftarrow$)根据引理 2.2.2.

($\Rightarrow$)设

$$F:(B^n \times I, S^{n-1} \times I, \{p_0\} \times I) \to (X, A, x_0)$$

为连接 f 与 c 的同伦. 记

$$g = F\mid_{S^{n-1} \times I \cup B^n \times \{1\}}:S^{n-1} \times I \bigcup B^n \times \{1\} \to A,$$

由定理 1.2.3 知，g 可扩张为连续映射 $G:B^n \times I \to A$.

令 $\widetilde{F}:B^n \times I \to X$ 为连续映射，使得

$$\widetilde{F}(u, t) = \begin{cases} F(u, 2t), & 0 \leqslant t \leqslant \dfrac{1}{2}, \\ G(u, 2 - 2t), & \dfrac{1}{2} \leqslant t \leqslant 1. \end{cases}$$

（注意到 $F(B^n \times \{1\}) = x_0 = G(B^n \times \{1\})$,应用粘接引理,$\widetilde{F}$ 为连续映射.）

因为

$$\widetilde{F}(u, t) = \widetilde{F}(u, 1 - t), \quad u \in S^{n-1}, \ t \in I,$$

$$\widetilde{F}\mid_{S^{n-1} \times I} \simeq c:(S^{n-1} \times I, S^{n-1} \times \partial I) \to (A, x_0)$$

及同伦扩张性质,连续映射

$$F':S^{n-1} \times I \bigcup B^n \times \{0\} \bigcup B^n \times \{1\} \to X,$$

$$F'\mid_{S^{n-1} \times I} \simeq c, \quad F'\mid_{B^n \times \{0\} \cup B^n \times \{1\}} = \widetilde{F}\mid_{B^n \times \{0\} \cup B^n \times \{1\}}$$

有扩张映射

$$F'':(B^n \times I, S^{n-1} \times I) \to (X, x_0).$$

这是连接 f 到 $f' = F''|_{B^n \times \{1\}}$ 的同伦,且

$$f'(B^n) = \widetilde{F}(B^n \times \{1\}) \subset A. \qquad \square$$

设

$$x_0, x_1 \in A, \quad \xi = [\sigma] \in \pi(A, x_0, x_1).$$

根据定理 2.1.3 和定理 1.2.4,有

$$\xi_*:\pi_n(X, A, x_1) \approx \pi_n(X, A, x_0), \quad n \geqslant 2;$$
$$\xi_*:\pi_n(A, x_1) \approx \pi_n(A, x_0), \quad n \geqslant 1.$$

记

$$i_* \xi = [\sigma] \in \pi(X, x_0, x_1),$$

它导出 X 上同伦群的同构,仍记为

$$\xi_*:\pi_n(X, x_1) \approx \pi_n(X, x_0), \quad n \geqslant 1.$$

定理 2.2.3 路径同伦类 $\xi \in \pi(A, x_0, x_1)$ 导出空间偶 (X, A) 上不同基点 x_0 与 x_1 处的两个同伦序列间的同态,其下列图表是交换的 $(n > 1)$:

$$\cdots \xrightarrow{\partial_*} \pi_n(A, x_1) \xrightarrow{i_*} \pi_n(X, x_1) \xrightarrow{j_*} \pi_n(X, A, x_1) \xrightarrow{\partial_*} \pi_{n-1}(A, x_1) \xrightarrow{i_*} \cdots \xrightarrow{i_*} \pi_1(X, x_1)$$
$$\downarrow{\xi_*} \qquad\qquad \downarrow{\xi_*} \qquad\qquad \downarrow{\xi_*} \qquad\qquad \downarrow{\xi_*} \qquad\qquad\qquad \downarrow{\xi_*}$$
$$\cdots \xrightarrow{\partial_*} \pi_n(A, x_0) \xrightarrow{i_*} \pi_n(X, x_0) \xrightarrow{j_*} \pi_n(X, A, x_0) \xrightarrow{\partial_*} \pi_{n-1}(A, x_0) \xrightarrow{i_*} \cdots \xrightarrow{i_*} \pi_1(X, x_0).$$

特别地,当 $x_1 = x_0$ 时,上述图表交换性说明 i_*, j_* 与 ∂_* 是对 $\pi_1(A, x_0)$ 来说的运算同态.

证明 (1) 设

$$a' = [f'] \in \pi_n(A, x_1),$$
$$a = [f] \in \pi_n(A, x_0),$$

且 $\xi_*(a') = a$,则根据定义,存在连接 f' 与 f 的同伦

$$F:S^n \times I \to A.$$

显然

$$i \circ F:S^n \times I \to X$$

是连接 $i \circ f'$ 与 $i \circ f$ 的同伦. 所以,由定义知

$$\xi_* \circ i_*(a') = \xi_*([i \circ f']) = [i \circ f] = i_* \circ \xi_*(a'),$$
$$\xi_* \circ i_* = i_* \circ \xi_*.$$

(2) 若

$$a' = [f'] \in \pi_n(X, x_0),$$

$$\xi_*(a') = a = [f],$$

则存在连接 f', f 的同伦

$$F: S^n \times I \to X,$$

使得

$$F(S^n \times 1) = f', \quad F(S^n \times 0) = f,$$

且

$$F(p_0, t) = \sigma(t).$$

因为

$$[\sigma] \in \pi(A, x_0, x_1),$$

我们有 $\sigma(t) \in A$，故 $j \circ F$ 是连接 $j \circ f'$ 与 $j \circ f$ 的同伦，且

$$j \circ F(p_0, t) \in A.$$

于是

$$\xi_*([j \circ f']) = [j \circ f],$$
$$\xi_* \circ j_*(a') = j_* \circ \xi_*(a'),$$
$$\xi_* \circ j_* = j_* \circ \xi_*.$$

（3）任取

$$a' = [f'] \in \pi_n(X, A, x_1),$$

其中

$$f': (B^n, S^{n-1}, p_0) \to (X, A, x_1),$$

则

$$\partial_*([f']) = [f'|_{S^{n-1}}] \in \pi_{n-1}(A, x_1).$$

记

$$a = [f] = \xi_*(a') \in \pi_n(X, A, x_1),$$

则存在

$$F: (B^n \times I, S^{n-1} \times I) \to (X, A),$$

使得 F 连接 f' 与 f，且

$$F(p_0, t) = \sigma(t).$$

于是，$F|_{S^{n-1} \times I}$ 是连接 $f'|_{S^{n-1}}$ 与 $f|_{S^{n-1}}$ 的同伦，且基点从 $\sigma(1) = x_1$ 变到 $\sigma(0) = x_0$. 所以，由定义知

$$\xi_*(f'|_{S^{n-1}}) = f|_{S^{n-1}}.$$

也就是说

$$\xi_* \circ \partial_*(a') = \partial_* \circ \xi_*(a'),$$

$$\xi_* \circ \partial_* = \partial_* \circ \xi_* .$$

$\square$

2.3 同伦群的直和分解定理

$\pi_n(S^n)$ 与映射度

n 维球面 S^n, $n \geqslant 1$ 是简单而重要的拓扑空间. 它的同伦群的计算, S^q 到 S^n 的连续映射同伦分类问题是有趣而又困难的问题. 本节由 Hurewicz 定理出发, 计算 $\pi_q(S^n)$, $1 \leqslant q \leqslant n$, $n \geqslant 2$. 对于 $n = 1$ 的情形, 亦加以讨论. 并利用映射度的概念解决了 S^n 到 S^n, $n \geqslant 1$ 的连续映射的同伦分类问题.

在《同伦论基础》(文献[1])一书中, 我们可以查阅到, 当 $q \geqslant 3$ 时, 有

$$\pi_q(S^3) \approx \pi_q(S^2);$$

当 $q \geqslant 2$ 时, 有

$$\pi_q(S^4) \approx \pi_q(S^7) \oplus \pi_{q-1}(S^3),$$
$$\pi_q(S^8) \approx \pi_q(S^{15}) \oplus \pi_{q-1}(S^7);$$

当 $2 \leqslant q < 15$ 时, 有

$$\pi_q(S^8) = \pi_{q-1}(S^7), \quad \pi_{15}(S^8) \approx \mathbf{Z} \oplus \pi_{14}(S^7).$$

等等.

定理 2.3.1 设 S^n 为 $n(\geqslant 2)$ 维球面, 则

$$\pi_q(S^n) = \begin{cases} 0, & 1 \leqslant q < n, \\ \mathbf{Z}, & q = n. \end{cases}$$

证明 由例 1.2.3 知

$$\pi_1(S^n) = 0, \quad n \geqslant 2.$$

因为

$$H_q(S^n) = 0, \quad 1 \leqslant q < n,$$

根据 Hurewicz 定理, 有

$$\pi_q(S^n) = 0, \quad 1 \leqslant q < n,$$

即 S^n 是 $(n-1)$-连通空间, 且

$$\pi_n(S^n) \approx H_n(S^n) \approx \mathbf{Z}.$$

$\square$

注意到 Hurewicz 同态的定义:

$$\mathcal{K}: \pi_n(S^n) \to H_n(S^n), \quad \mathcal{K}(\alpha) = f_*(\iota),$$

其中
$$\alpha = [f] \in \pi_n(S^n), \quad f:(S^n, p_0) \rightarrow (S^n, p_0),$$
ι 是 $H_n(S^n)$ 中取定的生成元.

现在,我们引入一个十分有用的概念——**映射度**.它最初是由 L. E. J. Brouwer 在 1912 年提出的.

定义 2.3.1 设 $f:S^n \rightarrow S^n, n \geqslant 1$ 为连续映射,ι 为 $H_n(S^n)$ 的生成元,则
$$f_*(\iota) = \rho\iota,$$
其中整数 ρ 称为连续映射 f 的**映射度**(或 **Brouwer 拓扑度**),并记作
$$\rho = \deg f.$$

引理 2.3.1 设
$$f \simeq g:S^n \rightarrow S^n,$$
则
$$\deg f = \deg g.$$

证明 设 ι 为 $H_n(S^n)$ 的生成元,且 $f \simeq g$,则
$$(\deg f)\iota = f_*(\iota) = g_*(\iota) = (\deg g)\iota,$$
$$\deg f = \deg g. \qquad \square$$

对于 $n \geqslant 2$,根据定理 2.3.1,有
$$\pi_n(S^n) \approx H_n(S^n).$$
注意到 S^n 是 n-单式的,从而得到关于 S^n 到 S^n 的连续映射同伦分类的基本事实.这也可以从下面的 Hopf 定理得到.

定理 2.3.2(H. Hopf) 设 f 与 $g:S^n \rightarrow S^n, n \geqslant 1$ 为两个连续映射,则
$$f \simeq g:S^n \rightarrow S^n \quad \Leftrightarrow \quad \deg f = \deg g.$$

更一般地,有:

一般 Hopf 定理 设 M 为 n 维紧致连通定向光滑流形,则两个连续映射 $f, g:M \rightarrow S^n$ 是同伦的,当且仅当
$$\deg f = \deg g.$$

证明 必要性参阅引理 2.3.1.

充分性参阅文献[6]定理 3.3.1. $\qquad \square$

同伦群的直和分解定理

与群的全体元素都交换的元素的集合称为**中心元**(center element),有时也称为**不变元**(invariant element).群 G 的中心是 G 的正规子群,甚至是特征子群.而且中心的每

个子群在 G 中是正规的. 只有 Abel 群(交换群)与它的中心一致,中心仅由单位元组成的群称为**无中心的群**或**有平凡中心的群**.

定理 2.3.3 设 $0 \to A \xrightarrow{\theta} B \xrightarrow{\tau} C \to 0$ 为由群 A,B 与 C 及群同态 θ 与 τ 组成的正合序列,且 $\theta(A)$ 包含于 B 的中心,其中 0 为零群,则:

(1) A 是交换群.

(2) 如果下面两个条件中的任一个成立:

(i) 存在同态 $\chi: C \to B$,使得 $\tau\chi = 1$(恒同): $C \to C$;

(ii) 存在同态 $\psi: B \to A$,使得 $\psi\theta = 1$(恒同): $A \to A$,其中 $\oplus$ 表示群的直和(在非交换情形下也称直积,但在本节均采用直和的符号),则有
$$B \approx A \oplus C.$$

证明 (1) 设 $\theta(A)$ 包含于 B 的中心,故
$$\theta(a_1 + a_2) = \theta(a_1) + \theta(a_2) = \theta(a_2) + \theta(a_1) = \theta(a_2 + a_1).$$
再由 θ 为单射,得
$$a_1 + a_2 = a_2 + a_1.$$
从而,A 为交换群.

(2) 设条件(i)成立.

对于 $b \in B$,
$$\tau(\chi\tau(b)b^{-1}) = 1_C \quad (C \text{ 中单位元素}),$$
有
$$a \in A,$$
使得
$$\theta(a) = \chi\tau(b)b^{-1},$$
即
$$b = \theta(a^{-1}) \cdot \chi\tau(b).$$
若
$$\theta(a) = \chi(c),$$
则
$$c = \tau\chi(c) = \tau\theta(a) = \tau(\chi\tau(b)b^{-1}) = 1_C,$$
$$\chi(c) = \chi(1_C) = 1_B, \quad \theta(A) \bigcap \chi(C) = \{1_B\}.$$
考虑群同态的正合序列
$$0 \to A \xrightarrow{\theta} B \underset{\chi}{\overset{\tau}{\rightleftarrows}} C \to 0 \quad (\tau\chi = 1_C).$$
下证 $B \approx \theta(A) \oplus \chi(C)$. 因为 θ 和 χ 都为单同态(χ 为单同态是因为 $\tau \cdot \chi = 1_C$). 于

是,我们得到

$$B \approx A \oplus C.$$

因为 $\theta(A)$ 包含于 B 的中心,所以我们只需证明

$$B \subset \theta(A) \cdot \chi(C).$$

事实上,任取 $b \in B$. 因为

$$\tau(\chi\tau(b)b^{-1}) = \tau\chi\tau(b)\tau(b^{-1}) = \tau(b)\tau(b^{-1}) = 1_C,$$

所以

$$\chi\tau(b)b^{-1} \in \operatorname{Ker} \tau = \operatorname{Im} \theta.$$

即存在 $a \in A$,使得

$$\chi\tau(b) \cdot b^{-1} = \theta(a),$$

从而

$$b = \theta(a^{-1})\chi\tau(b) \in \theta(A)\chi(C).$$

设条件(ii)成立.

我们有群同态的正合序列

$$0 \longrightarrow A \underset{\psi}{\overset{\theta}{\rightrightarrows}} B \overset{\tau}{\longrightarrow} C \longrightarrow 0.$$

注意 $\operatorname{Ker} \tau = \operatorname{Im} \theta$ 包含于 B 的中心. 我们首先证明

$$B = \operatorname{Ker} \tau \oplus \operatorname{Ker} \psi.$$

为此,我们证明下面两点:

① $B \subset \operatorname{Ker} \psi \cdot \operatorname{Ker} \tau.$

任取 $b \in B$. 因为

$$\tau(\theta\psi(b)) = \tau\theta(\psi(b)) = 1_C,$$

所以

$$\theta\psi(b) \in \operatorname{Ker} \tau.$$

又因为

$$\psi(\theta\psi(b)b^{-1}) = \psi\theta(\psi(b)\psi(b^{-1})) = \psi(b)\psi(b^{-1}) = 1_A,$$

所以

$$\theta\psi(b)b^{-1} \in \operatorname{Ker} \psi,$$

$$b = (\theta\psi(b)b^{-1})^{-1}\theta\psi(b) \in \operatorname{Ker} \psi \cdot \operatorname{Ker} \tau.$$

② $\operatorname{Ker} \tau \bigcap \operatorname{Ker} \psi = 1_B.$

事实上,若

$$\tau(b) = 1_C, \quad \psi(b) = 1_A,$$

则

$$b \in \mathrm{Ker}\, \tau = \mathrm{Im}\, \theta.$$

故 $\exists\, a \in A$,使得

$$b = \theta(a).$$

从而

$$\psi(b) = \psi\theta(a) = a.$$

但

$$\psi(b) = 1_A,$$

所以

$$a = 1_A.$$

从而

$$b = \theta(a) = \theta(1_A) = 1_B.$$

因此

$$\mathrm{Ker}\, \tau \bigcap \mathrm{Ker}\, \psi = 1_B.$$

因为 θ 为单同态,故

$$A \approx \theta(A) = \mathrm{Ker}\, \tau.$$

从而

$$\frac{B}{\mathrm{Ker}\, \tau} \approx \mathrm{Im}\, \tau = C,$$

$$\frac{B}{\mathrm{Ker}\, \psi} \approx \mathrm{Im}\, \psi = A \quad (\text{由}(\mathrm{ii})\text{知},\psi\text{ 为满射}).$$

根据群同态的基本定理(参阅文献[3]281 页 2.3 命题),有

$$\mathrm{Ker}\, \psi = \frac{(\mathrm{Ker}\, \psi) \cdot (\mathrm{Ker}\, \tau)}{\mathrm{Ker}\, \tau} = \frac{B}{\mathrm{Ker}\, \tau} \approx C.$$

$$B = \mathrm{Ker}\, \tau \bigoplus \mathrm{Ker}\, \psi \approx A \bigoplus C. \qquad \square$$

下面介绍几个同伦群的直和分解定理.

定理 2.3.4 设 (X,A) 为道路连通空间偶,A 为 X 的收缩核,$i: A \to X$ 为包含映射. 则当 $n \geqslant 1$ 时,有

$$i_* : \pi_n(A) \to \pi_n(X)$$

为在中同构;当 $n \geqslant 2$ 时,有

$$\pi_n(X) \approx \pi_n(A) \bigoplus \pi_n(X,A).$$

证明 令 $\gamma: X \to A$ 为保核收缩映射,则

$$\gamma_* i_* = 1(\text{恒同}): \pi_n(A) \to \pi_n(A), \quad n \geqslant 1.$$

因而,i_* 为在中同构,γ_* 为在上同态.

如 $n \geqslant 2$,根据 (X,A) 的同伦序列的正合性,有

$$\partial_* \pi_n(X,A) = i_*^{-1}(0) = 0.$$

从而得到正合序列

$$0 \to \pi_n(A) \xrightarrow{i_*} \pi_n(X) \xrightarrow{j_*} \pi_n(X,A) \xrightarrow{\partial_*} 0$$

及

$$\gamma_* : \pi_n(X) \to \pi_n(A),$$

使

$$\gamma_* i_* = 1.$$

故根据定理 2.3.3 中的结论(2)(ⅱ),得

$$\pi_n(X) \approx \pi_n(A) \oplus \pi_n(X,A), \quad n \geqslant 2.$$ □

注 2.3.1 显然,由定理 1.2.1 知,$\pi_2(X)$ 与 $\pi_2(A)$ 为交换群.再根据

$$\pi_2(X) \approx \pi_2(A) \oplus \pi_2(X,A)$$

推得 $\pi_2(X,A)$ 为交换群.注意到定理 2.1.2,当 $n \geqslant 2$ 时,$\pi_n(X,A)$ 为交换群.

定理 2.3.5 设 (X,A) 为道路连通空间偶,$x_0 \in A$,且 A 在 X 内可缩成一点 $x_0(\mathrm{rel}\ x_0)$,即有同伦

$$h_t : (A,x_0) \to (X,x_0), \quad t \in I,$$

使得

$$h_0 = i, \quad h_1(A) = x_0,$$

则当 $n \geqslant 1$ 时,有

$$i_* : \pi_n(A) \to \pi_n(X)$$

为零同态;当 $n \geqslant 2$ 时,有

$$\pi_n(X,A) \approx \pi_n(X) \oplus \pi_{n-1}(A).$$

证明 当 $n \geqslant 1$ 时,$i_* = 0$ 是明显的.

当 $n \geqslant 2$ 时,$k(A)$ 表示 A 上的锥形.利用 h_t 便有连续映射 $H : k(A) \to X$,由 $k(A)$ 的可缩性及同伦正合序列知

$$\bar\partial_* : \pi_n(k(A),A) \approx \pi_{n-1}(A), \quad n \geqslant 2.$$

定义同态

$$\omega : \pi_n(A) \to \pi_{n-1}(X,A),$$

使得

$$\omega = H_* \cdot \bar\partial_*^{-1},$$

其中

$$H_* : \pi_n(k(A),A) \to \pi_n(X,A)$$

是由 H 导出的同态,$n \geqslant 2$.易见

$$\partial_* \omega = 1(\text{恒同}) : \pi_{n-1}(A) \to \pi_{n-1}(A),$$

其中

$$\partial_* : \pi_n(X, A) \to \pi_{n-1}(A)$$

为边缘同态. 于是, 有正合序列

$$0 \to \pi_n(X) \xrightarrow{j_*} \pi_n(X, A) \xrightarrow{\partial_*} \pi_{n-1}(A) \to 0, \quad n \geqslant 2$$

及

$$\omega : \pi_{n-1}(A) \to \pi_n(X, A),$$

使得

$$\partial_* \omega = 1.$$

根据定理 2.3.5 中的结论, 有

$$\pi_n(X, A) \approx \pi_n(X) \oplus \pi_{n-1}(A), \quad n \geqslant 2. \qquad \square$$

定理 2.3.6 设 (X, A) 为道路连通空间偶, $x_0 \in A$, 且 X 可形变为 A 内 $(\text{rel } x_0)$, 即有形变同伦

$$h_t : (X, x_0) \to (X, x_0), \quad t \in I,$$

使得

$$h_0(x) = x, x \in X, \quad h_1(X) \subset A,$$

则:

当 $n \geqslant 1$ 时

$$i_* : \pi_n(A) \to \pi_n(X)$$

为在上同态;

当 $n \geqslant 2$ 时

$$\pi_n(A) = \pi_n(X) \oplus \pi_{n+1}(X, A).$$

证明 当 $n \geqslant 1$ 时, 对于 $\alpha = [f] \in \pi_n(X)$, 其中

$$f : (S^n, p_0) \to (X, x_0),$$

令

$$\omega(\alpha) = [h_1 f] \in \pi_n(A).$$

易验证 $\omega(\alpha)$ 的定义与 α 的代表映射 f 的选取无关, 且

$$\omega : \pi_n(X) \to \pi_n(A)$$

为一个同态, 以及

$$i_* \omega = 1(\text{恒同}) : \pi_n(X) \to \pi_n(X).$$

于是, i_* 为在上同态.

当 $n \geqslant 2$ 时, 考虑交换群的正合序列

$$0 \to \pi_{n+1}(X,A) \xrightarrow{\partial_*} \pi_n(A) \xrightarrow{i_*} \pi_n(X) \to 0$$

及

$$\omega : \pi_n(X) \to \pi_n(A),$$

使得

$$i_* \omega = 1.$$

根据定理 2.3.3 中的结论(ⅱ),有

$$\pi_n(A) \approx \pi_n(X) \bigoplus \pi_{n+1}(X,A), \quad n \geqslant 2. \qquad \square$$

定理 2.3.7 设 X 与 Y 为道路连通空间,则

$$\pi_n(X \times Y) \approx \pi_n(X) \bigoplus \pi_n(Y), \quad n \geqslant 1,$$

其中 $X \times Y$ 为 X 与 Y 的笛卡儿积空间.

用数学归纳法立知,定理对任意有限个空间的积空间都成立.

证明 易见 $X \times Y$ 为道路连通空间.取 $x_0 \in X, y_0 \in Y, (x_0,y_0) \in X \times Y$ 分别为 X, Y 与 $X \times Y$ 上同伦群的基点.记

$$p_1 : X \times Y \to X, \quad p_2 : X \times Y \to Y$$

为自然投影,即对于 $(x,y) \in X \times Y$,有

$$p_1(x,y) = x, \quad p_2(x,y) = y.$$

又记

$$i_1 : X \to X \times Y, \quad i_2 : Y \to X \times Y$$

为内射,即对 $x \in X, y \in Y$,有

$$i_1(x) = (x,y_0), \quad i_2(y) = (x_0,y).$$

显然

$$p_{1*}i_{1*} = 1(恒同) : \pi_n(X) \to \pi_n(X), \quad n \geqslant 1;$$
$$p_{2*}i_{2*} = 1(恒同) : \pi_n(Y) \to \pi_n(Y), \quad n \geqslant 1;$$
$$p_{1*}i_{2*} = 0; \quad p_{2*}i_{1*} = 0.$$

因而

$$p_{1*} : \pi_n(X \times Y) \to \pi_n(X), \quad p_{2*} : \pi_n(X \times Y) \to \pi_n(Y)$$

为在上同态;

$$i_{1*} : \pi_n(X) \to \pi_n(X \times Y), \quad i_{2*} : \pi_n(Y) \to \pi_n(X \times Y)$$

为在中同构,$n \geqslant 1$.

对

$$\alpha \in \pi_n(X \times Y),$$

令

$$\chi(\alpha) = (p_{1*}(\alpha), p_{2*}(\alpha)) \in \pi_n(X) \oplus \pi_n(Y),$$

得到同态

$$\chi: \pi_n(X \times Y) \to \pi_n(X) \oplus \pi_n(Y), \quad n \geqslant 1.$$

(1) χ 是在上同态.

事实上,由

$$\beta \in \pi_n(X), \quad \gamma \in \pi_n(Y), \quad n \geqslant 1,$$

并记

$$\alpha = i_{1*}(\beta) + i_{2*}(\gamma) \in \pi_n(X \times Y),$$

知

$$\chi(\alpha) = (p_{1*}i_{1*}\beta + p_{1*}i_{2*}\gamma, p_{2*}i_{1*}\beta + p_{2*}i_{2*}\gamma) = (\beta, \gamma).$$

(2) χ 是在中同构.

事实上,如果对

$$\alpha = [f] \in \pi_n(X \times Y)$$

有

$$0 = \chi(\alpha) = \chi([f]) = (p_{1*}(\alpha), p_{2*}(\alpha)),$$

其中

$$f: (S^n, p_0) \to (X \times Y, (x_0, y_0)),$$

于是

$$p_1 f \simeq c_1(\text{常值}): (S^n, p_0) \to (X, x_0),$$
$$p_2 f \simeq c_2(\text{常值}): (S^n, p_0) \to (Y, y_0).$$

不难定义连续 f 至常值映射的同伦,故 $\alpha = 0$.

总之

$$\chi: \pi_n(X \times Y) \approx \pi_n(X) \oplus \pi_n(Y), \quad n \geqslant 1. \qquad \Box$$

例 2.3.1 $\pi_q(S^1) \approx \begin{cases} \mathbf{Z}, & q = 1, \\ 0, & q \geqslant 2. \end{cases}$

证明 $\pi_1(S^1) \approx \mathbf{Z}$,见文献[5]例 3.5.1.

设

$$p: \mathbf{R}^1 \to S^1,$$
$$t \mapsto p(t) = \mathrm{e}^{2\pi\mathrm{i}}$$

为指数映射.对于 $b_0 = (1, 0) \in S^1$,有

$$p^{-1}(b_0) = \mathbf{Z}.$$

取 $e_0 \in \mathbf{Z}$,使

$$\pi_q(p^{-1}(b_0), e_0) = 0, \quad q \geqslant 1,$$

故由文献[1]142 页命题 3.3,得到

$$p_* : 0 = \pi_q(\mathbf{R}^1, e_0) \approx \pi_q(S^1, b_0), \quad q \geqslant 2,$$

即

$$\pi_q(S^1) = 0 \quad (\text{参阅文献}[1]143 \text{ 页}).\qquad\Box$$

例 2.3.2 记 $T_2 = S^1 \times S^1$ 为 2 维环面,由定理 2.3.7,有

$$\pi_1(T_2) \approx \pi_1(S^1) \bigoplus \pi_1(S^1) \approx \mathbf{Z} \bigoplus \mathbf{Z},$$

$$\pi_n(T_2) \approx \pi_n(S^1) \bigoplus \pi_n(S^1) = 0, \quad n > 1,$$

其中

$$\pi_n(S^1) = 0, \quad n \geqslant 2 \quad (\text{参阅例 2.3.1}).$$

一般地,根据定理 2.3.7,由 m 维环面

$$T_m = \underbrace{S^1 \times S^1 \times \cdots \times S^1}_{m}, \quad m > 2,$$

有

$$\pi_1(T_m) = \underbrace{\mathbf{Z} \bigoplus \mathbf{Z} \bigoplus \cdots \bigoplus \mathbf{Z}}_{m};$$

$$\pi_n(T_m) \approx 0, \quad n > 1.$$

设 X 与 Y 均为道路连通空间,$x_0 \in X, y_0 \in Y$ 分别为其基点.设

$$X \bigcap Y = \varnothing,$$

在拓扑和空间 $X \bigcup Y$ 中,将点 x_0 与 y_0 等同,所得的商空间记为 $X \vee Y$,它被称为 X 与 Y 在一点相联的空间,它也是道路连通的.

空间 $X \vee Y$ 可嵌入空间 $X \times Y$ 作为其子空间.事实上,令

$$\theta : X \vee Y \to X \times Y,$$

使得

$$\theta(Z) = \begin{cases} (Z, y_0), & Z \in X, \\ (x_0, Z), & Z \in Y, \end{cases}$$

易见,θ 将 $X \vee Y$ 拓扑映射到 $X \times \{y_0\} \bigcup \{x_0\} \times Y \subset X \times Y$.

定理 2.3.8 设 X, Y 与 $X \vee Y$ 如上所述,对 $n \geqslant 2$,有

$$\pi_n(X \vee Y) \approx \pi_n(X) \bigoplus \pi_n(Y) \bigoplus \pi_{n+1}(X \times Y, X \vee Y).$$

证明 设

$$j_1 : X \to X \vee Y, \quad j_2 : Y \to X \vee Y$$

为包含映射.令

$$\omega : \pi_n(X \times Y) \to \pi_n(X \vee Y)$$

为同态,使得

$$\omega(\alpha) = j_{1*}p_{1*}(\alpha) + j_{2*}p_{2*}(\alpha),$$

其中

$$\alpha \in \pi_n(X \times Y).$$

p_{1*} 与 p_{2*} 的意义见定理 2.3.7. 由定理 2.3.7 的证明知

$$\chi(i_{1*}p_{1*}(\alpha) + i_{2*}p_{2*}(\alpha)) = (p_{1*}(\alpha), p_{2*}(\alpha)) = \chi(\alpha).$$

因为

$$\theta_* j_{1*} = i_{1*}, \quad \theta_* j_{2*} = i_{2*},$$

所以

$$\theta_* \omega(\alpha) = \theta_*(j_{1*}p_{1*}(\alpha) + j_{2*}p_{2*}(\alpha))$$
$$= i_{1*}p_{1*}(\alpha) + i_{2*}p_{2*}(\alpha)$$
$$= \chi^{-1}(\chi(\alpha)) = \alpha,$$

即

$$\theta_* \omega = 1(恒同) : \pi_n(X \times Y) \to \pi_n(X \times Y).$$

考虑 $(X \times Y, X \vee Y)$ 的正合同伦序列. 因为 θ_* 为在上同态,有正合序列

$$0 \to \pi_{n+1}(X \times Y, X \vee Y) \xrightarrow{\partial_*} \pi_n(X \vee Y) \xrightarrow{\theta_*} \pi_n(X \times Y) \to 0$$

及

$$\omega : \pi_n(X \times Y) \to \pi_n(X \vee Y),$$

使得

$$\theta_* \omega = 1.$$

而当 $n \geqslant 2$ 时,$\pi_n(X \vee Y)$ 为交换群.

根据定理 2.3.6,有

$$\pi_n(X \vee Y) \approx \pi_n(X \times Y) \oplus \pi_{n+1}(X \times Y, X \vee Y)$$
$$\approx \pi_n(X) \oplus \pi_n(Y) \oplus \pi_{n+1}(X \times Y, X \vee Y), \quad n \geqslant 2. \qquad \square$$

注 2.3.2 定理 2.3.8 对 $n = 1$ 一般不再成立,相应的结论可参阅文献[2].

例 2.3.3 设 $p \geqslant 2, q \geqslant 2$,则有

$$\pi_n(S^p \vee S^q) = \begin{cases} \pi_n(S^p) \oplus \pi_n(S^q), & 1 \leqslant n < p + q - 1, \\ \pi_n(S^p) \oplus \pi_n(S^q) \oplus \mathbf{Z}, & n = p + q - 1. \end{cases}$$

证明 当 $p \geqslant 2, q \geqslant 2$ 时,$S^p \times S^q, S^p \vee S^q$ 都是单连通空间,且

$$H_{n+1}(S^p \times S^q, S^p \vee S^q) \approx \begin{cases} 0, & 1 \leqslant n < p + q - 1, \\ \mathbf{Z}, & n = p + q - 1. \end{cases}$$

根据文献[1]推论 5.7 得到

$$\pi_{n+1}(S^p \times S^q, S^p \vee S^q) \approx H_{n+1}(S^p \times S^q, S^p \vee S^q)$$

$$= \begin{cases} 0, & 1 \leqslant n < p+q-1, \\ \mathbf{Z}, & n = p+q-1. \end{cases}$$

故由定理 2.3.8,即得

$$\pi_n(S^p \vee S^q) = \begin{cases} \pi_n(S^p) \oplus \pi_n(S^q), & 1 \leqslant n < p+q-1, \\ \pi_n(S^p) \oplus \pi_n(S^q) \oplus \pi_{n+1}(S^p \times S^q, S^p \vee S^q), & n = p+q-1 \end{cases}$$

$$\xrightarrow{p \geqslant 2, q \geqslant 2} \begin{cases} \pi_n(S^p) \oplus \pi_n(S^q), & 1 \leqslant n < p+q-1, \\ \pi_n(S^p) \oplus \pi_n(S^q) \oplus \mathbf{Z}, & n = p+q-1. \end{cases} \qquad \square$$

例 2.3.4 证明

$$\pi_q(\underbrace{S^n \vee \cdots \vee S^n}_{s}), 2 \leqslant q \leqslant 2n-1, s \geqslant 2$$

$$= \begin{cases} \underbrace{\pi_q(S^n) \oplus \cdots \oplus \pi_q(S^n)}_{s}, & 1 \leqslant q < 2n-1, \\ \underbrace{\pi_{2n-1}(S^n) \oplus \cdots \oplus \pi_{2n-1}(S^n)}_{s} \oplus \underbrace{\mathbf{Z} \oplus \cdots \oplus \mathbf{Z}}_{\binom{s}{2} = C_s^2 = \frac{s(s-1)}{2}}, & q = 2n-1. \end{cases}$$

证明 (归纳法)当 $s = 2$ 时,由例 2.3.2 即得.

当 $s \geqslant 3$ 时,有

$$\underbrace{S^n \vee \cdots \vee S^n}_{s} = S^n \vee (\underbrace{S^n \vee \cdots \vee S^n}_{s-1}).$$

根据定理 2.3.8 得到

$$\pi_q(\underbrace{S^n \vee \cdots \vee S^n}_{s})$$

$$= \pi_q(S^n) \oplus \pi_q(\underbrace{S^n \vee \cdots \vee S^n}_{s-1}) \oplus \pi_{q+1}(S^n \times (\underbrace{S^n \vee \cdots \vee S^n}_{s-1}), \underbrace{S^n \vee \cdots \vee S^n}_{s-1}),$$

当 $q \geqslant 2$ 时,由于 $S^n \times (\underbrace{S^n \vee \cdots \vee S^n}_{s-1})$ 与 $\underbrace{S^n \vee S^n \vee \cdots \vee S^n}_{s}$ 均是单连通的,根据文献[1]推论 5.7,有

$$\pi_{q+1}(S^n \times (\underbrace{S^n \vee \cdots \vee S^n}_{s-1}), \underbrace{S^n \vee \cdots \vee S^n}_{s})$$

$$= H_{q+1}(S^n \times (\underbrace{S^n \vee \cdots \vee S^n}_{s-1}), \underbrace{S^n \vee \cdots \vee S^n}_{s})$$

$$= \begin{cases} 0, & 0 \leqslant q < 2n - 1, \\ \underbrace{\mathbf{Z} \oplus \cdots \oplus \mathbf{Z}}_{s-1}, & q = 2n - 1. \end{cases}$$

根据归纳假设

$$\pi_q(\underbrace{S^n \vee \cdots \vee S^n}_{s-1}) = \begin{cases} \underbrace{\pi_q(S^n) \oplus \cdots \oplus \pi_q(S^n)}_{s-1}, & 2 \leqslant q < 2n - 1, \\ \underbrace{\pi_q(S^n) \oplus \cdots \oplus \pi_q(S^n)}_{s-1} \oplus \underbrace{\mathbf{Z} \oplus \cdots \oplus \mathbf{Z}}_{\binom{s-1}{2} = C_{s-1}^2}, & q = 2n - 1, \end{cases}$$

得到

$$\pi_q(\underbrace{S^n \vee \cdots \vee S^n}_{s}) = \begin{cases} \underbrace{\pi_q(S^n) \oplus \cdots \oplus \pi_q(S^n)}_{s}, & 2 \leqslant q < 2n - 1, \\ \underbrace{\pi_q(S^n) \oplus \cdots \oplus \pi_q(S^n)}_{s} \oplus \underbrace{\mathbf{Z} \oplus \cdots \oplus \mathbf{Z}}_{\binom{s}{2} = C_s^2}, & q = 2n - 1, \end{cases}$$

其中

$$\binom{s-1}{2} + s - 1 = \frac{(s-1)(s-2)}{2} + s - 1 = \binom{s}{2}. \qquad \square$$

2.4 Hurewicz 定理

q 维广义同调群

设 X 是道路连通的, $x_0 \in X$. 记
$$\pi_n(X) = \pi_n(X, x_0),$$
并对 $H_n(S^n) \approx \mathbf{Z}$, 按下述方式规定其生成元 $\iota \in H_n(S^n)$: 取定 $\sigma^{n+1} = \langle v_0 v_1 \cdots v_{n+1} \rangle \subset \mathbf{R}^{n+1}$, 使 $v_0 = p_0$, $0 \in \mathrm{Int}\ \sigma^{n+1}$, 且 $\langle 0 v_1 \cdots v_{n+1} \rangle$ 与 $\mathbf{R}^{n+1}$ 定向相同, $r: \mathbf{R}^{n+1} - \{0\} \to S^n$ 为投射.

设
$$S(X) = \{ T^q = (\xi, \Delta^q) \mid q = 0, 1, 2, \cdots \},$$
即所有广义单形的集合, 称为 X 的**广义复形**.

例 2.4.1 设 X 为拓扑空间, X 的 0 维广义单形是指

$$T^0 = (\xi, \Delta^0), \quad \xi: \Delta^0 \to X,$$

它与 X 的点 $\xi(v_0)$ 一一对应. X 的 1 维广义单形是指

$$T^1 = (\xi, \Delta^1), \quad \xi: \Delta^1 = \langle v_0, v_1 \rangle \to X,$$

它与 X 的路径 $\sigma: I \to X$ 一一对应.

定义 2.4.1 设 $T_i^q = (\xi_i, \Delta_i^q)$ 为拓扑空间 X 中的 q **维广义单形**, $q \geq 0$. 记

$$C_q = \sum_i \lambda_i T_i^q,$$

其中 λ_i 为整数, 除有限个不为零外其余均为零, 则 C_q 称为 X 上的 q **维广义链**. 设

$$C_q = \sum_i \lambda_i T_i^q, \quad C_q' = \sum_i \lambda_i' T_i^q$$

为两个 q 维广义链. 令

$$C_q + C_q' = \sum_i (\lambda_i + \lambda_i') T_i^q.$$

易见, X 上的全体 q 维广义链对运算 " $+$ " 组成一个群, 称为 X 的 q **维广义链群**, 记作 $C_q(S(X))$. 亦即以 X 的全体 q 维广义单形为基所生成的自由交换群. 特别地, 取 $C_{-1}(S(X)) = 0$.

定义 2.4.2 设

$$T^q = (\xi, \Delta^q) \in C_q(S(X)),$$

$$\Delta^q = \langle v_0 v_1 \cdots v_q \rangle.$$

我们定义

$$\partial T^q = \sum_{i=0}^q (-1)^i (\xi, \Delta_i^{q-1}) \in C_{q-1}(S(X)), \quad q > 0,$$

其中

$$\Delta_i^{q-1} = \langle v_0 \cdots \hat{v}_i \cdots v_q \rangle,$$

(ξ, Δ_i^{q-1}) 是 T^q 中映射 ξ 限制在 Δ_i^{q-1} 上的映射. 作线性扩充, 得到边缘同态

$$\partial: C_q(S(X)) \to C_{q-1}(S(X)), \quad q > 0.$$

对于 $q = 0$, 取

$$\partial C_0(S(X)) = 0.$$

引理 2.4.1 $\partial \partial = 0$.

证明 设 $q \geq 2$, 并且不失一般性, 设

$$s^q = \langle v_0 v_1 \cdots v_q \rangle,$$

有

$$\partial \partial s^q = \partial \Big(\sum_{i=0}^q (-1)^i \langle a^0 \cdots \hat{a}^i \cdots a^q \rangle \Big)$$

$$= \sum_{j=0}^{i-1} (-1)^j \sum_i (-1)^i \langle a^0 \cdots \hat{a}^j \cdots \hat{a}^i \cdots a^q \rangle$$

$$+ \sum_{j=i+1}^{q} (-1)^{j-1} \sum_i (-1)^i \langle a^0 \cdots \hat{a}^i \cdots \hat{a}^j \cdots a^q \rangle$$

$$= \sum_{j<i} (-1)^{i+j} \langle a^0 \cdots \hat{a}^j \cdots \hat{a}^i \cdots a^q \rangle + \sum_{j>i} (-1)^{i+j-1} \langle a^0 \cdots \hat{a}^i \cdots \hat{a}^j \cdots a^q \rangle$$

$$= 0.$$

从这个简单引理出发,立即有下述重要结论:对于任意 q 链 x_q,有

$$\partial\partial x_q = 0. \qquad\qquad \square$$

定义 2.4.3 一个 q 维链 x_q 的边缘链 $\partial x_q = 0$,则 x_q 称作一个 q **维闭链**. 显然,全体 q 维闭链形成 q 维链群 $C_q(S(X))$ 的一个子群

$$Z_q(S(X)) = \mathrm{Ker}\, \partial_q,$$

它为广义闭链群.

称

$$B_q(S(X)) = \mathrm{Im}\, \partial_{q+1} \subset Z_q(S(X))$$

为 q **维广义边缘链群**.

我们还称商群

$$Z_q(S(X))/B_q(S(X)) = \mathrm{Ker}\, \partial_q / \mathrm{Im}\, \partial_{q+1}$$

为 X 的 q **维广义同调群**,记作

$$H_q(S(X)) = Z_q(S(X))/B_q(S(X)).$$

引理 2.4.2 设 $f: X \to Y$ 为连续映射,由

$$f\left(\sum_i \lambda_i (\xi_i, \Delta_i^q)\right) = \sum_i \lambda_i (f\xi_i, \Delta_i^q)$$

给出同态

$$f: C_q(S(X)) \to C_q(S(Y)),$$

且有

$$\partial f = f\partial.$$

证明 对

$$(\xi, \Delta^q) \in C_q(S(X)), \quad \Delta^q = \langle v_0 v_1 \cdots v_q \rangle, \ q \geqslant 0,$$

有

$$(\partial f)(\xi, \Delta^q) = \partial(f\xi, \Delta^q) = \sum_i (-1)^i (f(\xi), \Delta_i^{q-1})$$

$$= f\left(\sum_i (-1)^i (\xi, \Delta_i^{q-1})\right) = (f\partial)(\xi, \Delta^q),$$

其中

$$\Delta_i^{q-1} = \langle v_0 \cdots \hat{v}_i \cdots v_q \rangle.$$

于是

$$\partial f = f \partial.$$

当 $q = 0$ 时，等式显然成立. $\square$

由引理 2.4.2 立即可见

$$f(Z_q(S(X))) \subset Z_q(S(Y)),$$
$$f(B_q(S(X))) \subset B_q(S(Y)).$$

定义 2.4.4 设 $f: X \rightarrow Y$ 为连续映射，对

$$z_q \in Z_q(S(X)), \quad q \geqslant 0,$$

令

$$f_*[z_q] = [f(z_q)],$$

得到同态

$$f_*: H_q(S(X)) \rightarrow H_q(S(Y)),$$

称其为由连续映射 f **诱导出的同态**.

定理 2.4.1 (1) 设 $1: X \rightarrow X$ 为恒同映射，则

$$1_*: H_q(S(X)) \rightarrow H_q(S(X))$$

为恒同映射.

(2) 设 $f: X \rightarrow Y, g: Y \rightarrow Z$ 为连续映射，则有

$$(gf)_* = g_* f_*.$$

证明 (1)

$$1_*((\xi, \Delta^q)) = (1(\xi), \Delta^q) = (\xi, \Delta^q),$$

故 1_* 为恒同态.

(2)

$$(gf)_*((\xi, \Delta^q)) = (gf(\xi), \Delta^q) = (g(f(\xi)), \Delta^q)$$
$$= g_*(f(\xi), \Delta^q) = g_* f_*(\xi, \Delta^q),$$

$$(gf)_* = g_* f_*. \qquad \square$$

定理 2.4.2 设 $f: X \rightarrow Y$ 为同胚映射，则

$$f_*: H_q(S(X)) \approx H_q(S(Y)), \quad q \geqslant 0,$$

即广义同调群为拓扑不变量.

证明 因为 f 为同胚映射，故

$$f^{-1}f: X \rightarrow X, \quad ff^{-1}: Y \rightarrow Y$$

分别为 X 与 Y 上的恒同映射. 根据定理 2.4.1, $f_*^{-1}f_*$ 与 $f_*f_*^{-1}$ 分别为 $H_q(S(X))$ 与

$H_q(S(Y))$ 上的恒同映射，故

$$f_* : H_q(S(X)) \approx H_q(S(Y)), \quad q \geqslant 0.$$

定理 2.4.3 设 $f \simeq g : X \to Y$，则

$$f_* = g_* : H_q(S(X)) \to H_q(S(Y)), \quad q \geqslant 0.$$

证明 参阅文献[1]45 页命题 1.5.

定理 2.4.4 设 $f : X \to Y$ 为同伦等价映射，则

$$f_* : H_q(S(X)) \approx H_q(S(Y)), \quad q \geqslant 0.$$

即广义同调群也是空间的伦型不变量.

证明 设 $g : Y \to X$ 为连续映射，使

$$gf \simeq 1_X, \quad fg \simeq 1_Y.$$

根据定理 2.3.1，有

$$g_* f_* = 1_{X*}, \quad f_* g_* = 1_{Y*},$$

1_{X*} 与 1_{Y*} 为恒同同构，故

$$f_* : H_q(S(X)) \approx H_q(S(Y)), \quad q \geqslant 0.$$

本节讨论 Eilenberg 子复形 $S_n(X)$ 的 $n(\geqslant 1)$ 维同调群 $H_n(S_n(X))$ 与 X 的 $n(\geqslant 1)$ 维同伦群 $\pi_n(X, x_0)$ 的关系. 进而导出同伦群 $\pi_n(X, x_0)$ 到同调群 $H_n(S(X))$ 的自然同态. 在特殊情形下，此同态为同构（见定理 2.4.5）.

Hurewicz 定理

引理 2.4.3 设

$$\alpha = [f] \in \pi_n(X), \quad f : (S^n, p_0) \to (X, x_0).$$

令

$$\mathcal{K} : \pi_n(X) \to H_n(X),$$

使

$$\mathcal{K}(\alpha) = f_*(\iota), \quad \iota \in H_n(S^n) \text{ 为其生成元},$$

则 $\mathcal{K}$ 是一个同态.

证明 首先，$\mathcal{K}(\alpha)$ 与 α 的代表映射 f 的选取无关. 事实上，设

$$f \simeq g : (S^n, p_0) \to (X, x_0),$$

则

$$f_* = g_* : H_n(S^n) \to H_n(X), \quad f_*(\iota) = g_*(\iota).$$

其次，由于包含同态

$$i : C_q(S_n(X)) \to C_q(S(X))$$

为链映射，则导出同态

$$\varepsilon_n : H_q(S_n(X)) \to H_q(S(X)), \quad q = 0,1,2,\cdots.$$

易见,当 $n \geqslant 2$ 时

$$f_*(\iota) = \varepsilon_n k_*^{-1}(\alpha) \in H_n(X),$$

其中 k_*^{-1} 见文献[1]58 页附记,故 $\mathcal{K} = \varepsilon_n k_*^{-1}$ 为同态.

同理,当 $n = 1$ 时,有 $\mathcal{K} = \varepsilon_1 k_*^{-1}$ 为同态.

由引理可知,当 $n \geqslant 2$ 时,图表

$$\pi_n(X) \xrightarrow{\mathcal{K}} H_n(X)$$
$$k_*^{-1} \searrow \quad \nearrow \varepsilon_n$$
$$H_n(S_n(X))$$

是可交换的.

当 $n = 1$ 时,由 $H_1(X)$ 为交换群知

$$\mathcal{K}(\mathrm{Comm}(\pi_1(X))) = 0,$$

故 $\mathcal{K}$ 导出同态

$$\mathcal{K} : \hat{\pi}_1(X) \to H_1(X).$$

此时,图表

$$\hat{\pi}_1(X) \xrightarrow{\mathcal{K}} H_1(X)$$
$$k_*^{-1} \searrow \quad \nearrow \varepsilon_1$$
$$H_1(S_1(X))$$

是可交换的.

定义 2.4.5 道路连通拓扑空间 X 称为 **0-连通**的.道路连通空间 X 称为 m-**连通**的 ($m \geqslant 1$),如果 $\pi_i(X) = 0, 1 \leqslant i \leqslant m$.特别地,1-连通空间即**单连通空间**.

定理 2.4.5(W. Hurewicz) 设 X 为 $(n-1)$-连通空间,$n \geqslant 2$,则

$$\mathcal{K} : \pi_n(X) \approx H_n(X).$$

证明 由文献[1]56 页定理 3.2 知,k_* 为同构.由文献[1]59 页命题 3.4 知

$$\varepsilon_n : H_q(S_n(X)) \approx H_q(S(X)), \quad q = 0,1,2,\cdots$$

为同构,推得

$$\mathcal{K} = \varepsilon_n k_*^{-1} : \pi_n(X) \approx H_n(X)$$

为同构.

定理 2.4.6 设 X 为道路连通空间,则

$$\mathcal{K} : \hat{\pi}_1(X) = \frac{\pi_1(X)}{\mathrm{Comm}(\pi_1(X))} \approx H_1(X).$$

证明 由文献[1]56 页定理 3.2(2)以及 59 页命题 3.4,有

$$\hat{\pi}_1(X) \xrightarrow{\quad \mathcal{K} \quad} H_1(X)$$

文献[1]定理3.2(2) $k_1^{-1} \nearrow \quad \searrow \quad \nearrow \varepsilon_1$ 文献[1]命题3.4
$$H_1(S_1(X))$$

因此,当 X 为道路连通空间时

$$\mathcal{K} = \varepsilon_1 k_*^{-1} : \hat{\pi}_1(X) = \frac{\pi_1(X)}{\mathrm{Comm}(\pi_1(X))} \approx H_1(X)$$

为同构. $\square$

参 考 文 献

［1］ 廖山涛,刘旺金.同伦论基础[M].北京:北京大学出版社,1980.

［2］ Hu S Z. Homotopy Theory[M]. New York：Academic Press, 1959.

［3］ 江泽涵.拓扑学引论[M].上海:上海科学技术出版社,1978.

［4］ Whitehead G W. A Generalization of the Hopf Invariant[J]. Annals of Mathematics, 1950, 51: 192-237.

［5］ 徐森林,胡自胜,金亚东,等.点集拓扑学[M].北京:高等教育出版社,2007.

［6］ 徐森林,胡自胜,薛春华.微分拓扑[M].北京:清华大学出版社,2008.